ジャーナリスト

桜林美佐が迫る

自衛隊［陸・海・空］の実像

自衛官24万人の覚悟を問う

桜林美佐 著
Misa Sakurabayashi

テーミス

まえがき

テーミスでの連載を本にまとめることになり、迷ったのはサブタイトルを「自衛官24万人の覚悟を問う」とするのか「自衛官23万人の覚悟を問う」にするのか、である。どういうことなのかと不思議に思われるかもしれないが、ここにも自衛隊が置かれているいびつな実態がある。

自衛官（制服組＝uniform）は定員が24万7千154人となっているが、現員は22万7千339人しかいない（２０１６年3月31日現在）。そもそも「定員」は自衛隊の任務遂行に必要な自衛官の人員数であるにもかかわらず、そのような乖離があるのだ。

これは募集難の時代があったという理由もあるようだが、近年のように応募者が増え高倍率が続いた状況下においては、人員を定員に満たせばお金が足りなくなるという事情があったものと考えられる。それゆえに、財務省は増員要求（正確に表現すれば、増員ではなく定員割れの改善要求）を受け入れてこなかった。

しかし、こうしたことから「自衛隊を弱体化させているのは財務省だ」というい方をする人もいるようだが、それは必ずしも正確ではない。確かにこれまで防衛予算を担当した人には自衛隊に対して極めて厳しい見方の持ち主もいたかもしれないが、それよりもむしろＧＤＰ比１パーセントといった国の方針や、「防衛費を増やすのは良くない」といった、日本全体を支配している空気が根本的な原因なのだ。

実際、毎週のように北朝鮮のミサイルが発射され、連日のように中国艦船や航空機が日本の領土に接近している昨今においては、防衛費を節約することがこれまでのように評価に値するとは考え難く、２０１７年度予算では長年、どんなに頑張っても実現できなかった人員の300人ほどの「増員」も認められている。国民が危機感を持ち、政府が本気で国民を守ろうという意志を明確にすれば、それに従い財務省も適正な処置をするということだ。

自衛隊の不備不足を他省庁のせいにしたり、憲法のせいにしても解消されるわけではない。国民全員の責任としてこれまでの政治の失策をいかに回復させるか取り組んでいく必要があるのだ。

過去に書いた記事を振り返ると、日本の安全保障環境がめまぐるしく変わっていることが分かる。テロだけを取り上げても、ISといえばいまやテロの代名詞のようになってしまっているが、ほんの数年前はその存在は全く認識されていなかった。日本人のテロ犠牲者数もその後バングラデシュでの事件などで拡大しているが、現時点であれから1年経っていないにもかかわらず、すでにかなり前のことのように感じるのは、連日のように世界のどこかでテロが起きていることを物語っているのだろう。

朝鮮半島有事についても、北朝鮮がミサイル発射をくり返していることから、緊迫度は急激に高まり、いまやワイドショーにも自衛隊OBの方々が登場しミサイルの解説をする姿が当たり前のようになっている。「ノドン」「テポドン」「コールドローンチ」などという言葉に主婦の皆さんが真剣に耳を傾けている光景に、私は危機感というよりむしろ安堵感すら持つ。これまで日本の防衛について、国民と自衛官との対話機会はなかった。いまの日本の危機はそのようなきっかけを与えてくれている一面もあるようである。

「拳銃2丁で守る島」と呼ばれた与那国島にはその後、陸上自衛隊が駐屯し、地元の人々との関係を深めている。私はかつて2度ほど与那国島を訪問しているが、馬やロバと出会うほうが多いといっていいほど閑散とした地であった。そこに自衛官やその家族もいるようになったことが何より大きな変化だろう。自衛官たちは島のマラソン大会を盛り上げ、台風の時は被害修復に尽力し、島民に寄り添って、いや自分たちも島民となって暮らしている。「島嶼防衛」いう言葉では語り尽せない人と人との交流やドラマが生まれているに違いない。

今後は石垣島や宮古島などにも陸自の配備計画が進められており、長年の懸案であった当該地域の「力の空白」が少しずつ埋められることになる。「自衛隊が駐屯する島」ならではの物語が数多く生まれることを期待したい。

航空自衛隊のスクランブルはついに過去最多を記録した。しかも、現時点で1度も中国軍機の領空侵犯を許しておらず、また大きな事故も起きていない。これほどの仕事をしてくれる軍は世界を見渡してもそうはいないだろう。しかし、今後もし強引な領空侵犯などが起こるなどした場合、国際慣例に従った武器使用の権限規定がない法制下では「自分が盾になって守るしかない」ということになってしまう。もはやこの問題は放置できない。

いわゆる「女性の活躍」については、正直に申し上げて私は自衛官の方が「これからは女性の時代ですよ」などといわれているのを聞くと気持ちが悪くなってしまう（大変な無礼をお許しを！）。

私の軍事知識の事始めが旧軍出身者の指導によるものからだったからなのだろうか、やはり軍は男の世界だと思っている。自衛隊には簡単に昨今の「女性が輝く社会」という流れに迎合して欲しくないというのが本音だ。そして、おそらく多くの日本の女性も同じように思っているのではないだろうか。ところが、最近は男性よりも成績優秀な女性自衛官も多い。ただし、そういう人たちが出世をしたり目立った働きをするのは「女性の活躍」ではなくて、個人の能力に依るものであり、またそうであるべきだろう。ドイツのメルケル首相も、確かそんなことをいっていたと記憶する。

問題の発端には少子化の進行による募集難がある。女性が労働力にならなければ立ちいかないのは自衛隊のみならず日本全体の現実だ。ただ、気になるのは、託児所さえ作れば女性がもっと働けるという思い込みがあるように見えることだ。

もちろん、現在のように子供を預けることができない状況、基地や駐屯地内に託児施設を作っても認可保育園にできなければ高額な料金を払わなければならない現状を解消する必要があるが、そのことだけに注意を払っても補いきれないことはある。

欧米人女性は軍民に関わらず知人同士で子供を預けたり預かったり、その間に夫婦だけで遊びに行ったりすることが普通にある。日々の食事も必ずしも手作りにこだわりはない。日本人はどうだろうか。日本の社会には、子供に寄り添い、そして手作りごはんを食べさせるべきという価値観がある。手抜きのできそうにない日本の自衛官の場合は欧米よりも負荷が大きいのではないかと見るのは杞憂だろうか。

いずれにしても、自衛隊における女性の活躍というものは、キラキラ輝くものでは決してなく、汗にまみれながら涙を流し、ひたすら涙を流し、ここまでやってきた人ばかりだということをいいたかった。実際に子育てをしてきた女性自衛官の、これが真実だ。だからこそ彼女たちは真に輝いていて、かっこいい。女性の募集を批判するつもりはないが、誇大広告はやめたほうがいい。

防衛省改革はずいぶん進んだ。制服組である自衛官（uniform）＝（U）と背広組（civilian）＝（C）が入り混じる統合幕僚監部に運用が一元化され、何より連載時には新聞の「首相動向」に統幕長の名前が載っていないものがあるとの指摘を書いたが、現在では頻繁に統幕長や統幕副長が直截、官邸で首相と話をしていることがわかる。NSS（国家安全保障局）もできて、官邸を補佐する機能は確実に高まっている。

少しずつだが日本の安全保障を巡る環境は前進している。しかし、まだまだ国民が知るべき自衛隊の実像は知られていない。まずは、自衛官が「23万人なのか」「24人万人なのか」迷うことなくはっきりいえるように、見せかけやごまかしのない状態にしていくことが第一歩だろう。

2017年　7月吉日

自衛隊［陸・海・空］の実像　【目次】

第2章　知られざる陸・海・空自衛隊の実態——55

第3章 自衛官24万人の覚悟を問う——99

第4章　北朝鮮・中国・ロシアの脅威に備えろ——143

第5章　自衛隊の国際貢献と米軍の実態を知る——187

第6章　わが国の平和はわが国で守る――231

装丁デザイン――八木千香子

第1章

自衛隊と共に「国防」を考える

自衛隊に対する無知&誤解を正そう

「専守防衛ではなくなる」「徴兵制になる」などいたずらに不安を煽るばかりだが

平素からパパは帰ってこない

「あの日から、パパは帰ってこなかった」——膝を抱えてうずくまる少年とこのコピーは、集団的自衛権行使容認に反対するため社民党が作成したポスターである。要するに「帰ってこない」の意味は、集団的自衛権行使容認＝戦争をする国になる＝自衛官のお父さんは戦争に行く（戦死する）ということなのだろう。

なんだこれは！　ということで、現役自衛官も含め怒りを覚えた人も多かったようだが、私はこれを見て改めて自衛官への無知・無理解の度合を知ったような気がした。自衛官は24時間を国に捧げている身であり、市ヶ谷の防衛省でも1週間に1日しか家に帰れない人などザラで、平素から「帰ってこないパパ」は多い。

そもそも自衛官は、「服務の宣誓」をすることが必須であり、そこには「事に臨んでは

危険を顧みず、身をもって職務の完遂に務める」とある。これまで任務中に殉職した隊員は'13年10月時点で1千840人、現状でもこれだけの数の尊い生命を賭して任務に赴いているのである。

集団的自衛権の解釈が変わったからと、にわかに自衛隊応援団の如く「自衛官が可哀想」などというのは、服務の宣誓を軽くあしらっているようでもあり、僭越というものだ。

また、よく「知り合いの自衛官が○○といっていた」という話も出がちで、私は先日、『朝まで生テレビ』で集団的自衛権についての議論に参加する機会を得たが、やはり「自衛官から聞いたが、海外へは行きたくないといっていた」などと、自衛隊内でも集団的自衛権に反対する声があることが強調された。

しかし、自衛隊員は27万人（内部部局を含む）いるのであり、人の数だけ考え方は違う。私自身、「自衛官の思いを教えてほしい」と聞かれることがあるが、自衛官の気持ちを代弁することなどおこがましく、とても軽々とは話す気になれず遠慮していたほどだ。

ただ、一ついえるのは、今回の閣議決定に際し、自衛隊の「できることを、できる範囲内で行う」というスタンスに変わりはなく、その想定が極めて限定的に少々変わったに過ぎないということだろう。「戦争を防ぐため大きな前進だ」という生の声も少なからず聞く。もちろん、本来は法解釈の整理を細かく変化させるのではなく、やっていいことを定める現行の「ポジリスト」から「ネガリスト」の体制にするのが、あるべき姿であることはいうまでもない。

「自衛隊想い」を装う欺瞞ぶり

さらに「専守防衛ではなくなる」「徴兵制になる」などという噂があるようだが、いたずらに不安を煽る拡大解釈で、もし意図的な発信であれば悪質だ。徴兵制に関しては、自衛隊への希望者が減るため徴兵制になるといったロジックが作られているようだが、ただでさえ自衛隊では人員削減を続けてきているのに、一体どうしたら徴兵などということが可能になるのか。そこには莫大なコストがかかるのである。

ただ、最近は隊員の募集で苦労があることは確かなようだ。それは、いくつかのポイントが重なっている。一つは東日本大震災以降、「災害派遣に就きたい」という希望を抱いて入隊する者が増えていること。そして、本人が入隊を希望しても、親が反対するケースも多いのだという。「災害派遣のような過酷な仕事はさせられない」という理由も少なくないそうで、少子化に伴う人材不足は、わが国に限ったことではないが、自衛隊を志す人と家族の質の問題はさらに深刻になっていると認識する必要がありそうだ。

しかし一方で、尖閣付近への中国船の領海侵入や度重なるスクランブル発進などの状況を見て、国防意識を強くし自衛隊を志す人もおり、実際、海上保安庁ではかつて「海猿」ブームで希望者が増えた時と比べ、いま入ってくる人たちは、非常に忍耐強く仕事にあたっているという。自衛隊の役割を誤解していたり意にそぐわない人は無理に残る必要はなく、真に組織が必要とする人材が集まればそれでいいと私は思う。

自衛官の自殺者が多いということもよくいわれる。集団的自衛権行使となれば、海外に行く機会が増え、精神的な負担を強いるという発想だ。こうした現象は日本のみならず、各国の軍隊にある。メンタルヘルスを強化することには全く異論なくぜひ進めて頂きたいが、自殺者が出るからと海外での活動をすべきではないといった話は、ケガ人が出るかもしれないから訓練をやめるという発想に等しく、本末転倒であるし自衛隊をばかにしたい分ではないだろうか。

集団的自衛権とは直接関係もなく、いかにも自衛官を思っているような欺瞞には憤りを禁じ得ない。

同様に他者を慮る精神に欠けていることがよく分かるのは「集団的自衛権か個別的自衛

権か」の論議である。簡単にいえば、「集団的自衛権」だと「米国を手伝う」というイメージがあるので、日本があくまで自国を守るための目的で行うべきだとする見解が、いわゆる「個別的自衛権」派だといっていいだろう。

日本の領域から遠く離れた所での事案について「個別的」を用いる考えに、全くおかしいというつもりはない。「集団的」が付いただけで、日本国内で大反発があることを鑑みれば、「個別的」を使って国内の理解を得て、結果的に同盟国との協働を実現する方法はむしろスムーズといえるのかもしれない。

国民は隊員の心情を理解せよ

しかし一方で、この手法が使えるということは、何でもかんでも「個別的」を理由にできるといった側面も生じてしまう。

それは、「自国に脅威が及ぶかもしれないから」という理由で他国に侵攻することすら許容しかねないことでもある。また、今後、米国とますます安全保障上の協力関係を強化したいわが国として、全てを「自国のため」と整理して行動するのは、あまりにも利己的ではないか。ここでも、活動にあたる自衛官の気持ちはどうなのか考慮されていない。

本来、日本人には「他者のために」という考え方があったはずだが、昨今は安全保障の問題のみならず「自分さえよければいい」という風潮が蔓延《はびこ》っているようだ。在日米軍の家族には、「なぜ夫は日本のために先に血を流さなくてはならないのか」と思っている人がいると聞く。また、そうした気持ちを煽るような某国によるロビー活動も行われている。こんな状況下でも日本の平和が保たれているのは、米軍将兵の妻や母の良識や誇りに支えられている一面もあるといってもいいだろう。

「あなたは自衛官の家族でもないし、当事者ではないから、そんなことがいえる」と批判されることがあるが、私は決して「当事者ではない」とは思っていない。国民全てが当事者であり、自衛隊の問題は国民の問題なのではないだろうか。少なくとも私はそのように自覚している。

（2014年9月号）

日本を狙うテロへ－自衛隊はこう対処する

メディアは北朝鮮のミサイル発射時に工作員の基地侵入の危険を報じない

米英で「ホームグロウンテロ」

「騒音を伴うデモはテロと同じ―」

秘密保護法案の採決を目前にした石破茂自民党幹事長の発言の是非を巡り、議論百出したようであるが、では一体、「テロ」とは何なのか？　その肝心なことについて、日本人はどれくらい知識があるのだろうか。

実際、テロの定義は必ずしも統一されておらず、国連をはじめとして、世界標準の定義はない。米国においても、その手法・形式の変化とともに再定義され、また、国務省やCIA、FBIなどの機関によってテロの説明は微妙に異なる。9・11後の米国の政府による定義から、大まかにまとめれば、「民間人を脅迫、又は威圧して、政府の行動等へ影響を与えること」ということになる。

「政府の行動等へ影響を与える――」

それが目的である限り、当該政府の立場としては、テロが発生しても脅しに屈せず目的を貫くことや、テロの計画を未然に阻止することが重要となるのである。

しかし、これが困難を極めている。'01年の9・11テロを起こしたとされる、アルカイダの指導者ウサマ・ビン・ラーディンは米軍により殺害されたものの、アルカイダによるテロが根絶されたとはいえず、むしろ、その関連組織が活動を活発化させているという。

平成25年版『防衛白書』によれば「アルカイダとの関連が指摘される組織およびその他のイスラム過激派テロ組織については、同地域を中心としつつ南アジア、東南アジアなどの各地でテロを実行しており、特にアルジェリア、リビア、マリなどでは、管理が十分でない国境を越えて、拠点が所在する国以外でもテロを実行する能力を持つとされている」という。つまり、「いつ」「どこで」テロに遭遇するか予測困難なのだ。

さらに近年は、アルカイダなどとの直接的な関係はないものの、その思想に影響された個人やグループが世界各地に存在するといわれ、これを捜し出すことは極めて難しい。

また、テロの首謀者が、その発生国で生まれ育ち、前科もなく、生活に困窮しているわけでもない「ホームグロウンテロ」も急増している。'95年の米オクラホマシティ連邦政府ビル爆破事件や、'05年に発生したロンドン同時爆破事件などが該当する。

オクラホマシティの爆破事件は、ビル前に駐車していた大量の爆発物を積んだトラックが爆発し、168人が死亡、800人以上が負傷した。当初、イスラム過激派などによる犯行と疑われたが、元米陸軍兵士による犯行だったことが分かり、米国に衝撃が走った。ロンドンでは、同時多発的に爆発事件が発生し、56人が死亡、その中にはテロ犯4人も含まれているが、いずれもイギリス国籍だった。

日本人のテロ犠牲者は40人超

このような「ホームグロウンテロ」は、組織からの指示を受けているわけではなく、全く独自に、インターネットなどの情報によりテロに及ぶものであり、こうなると予兆を察知することは極めて難しい。

また、テロの原因として「貧困」や「差別」といったものが、これまでよく挙げられていたが、テロリストたちは必ずしも貧しいわけではないようだ。ウサマ・ビン・ラーディンのように比較的、裕福な中流家庭の出身者も少なくない。つまり、世界の貧困を根絶しても、テロはなくならないということも明らかなのだ。

テロの動機が、個人の主義・思想や厭世観、あるいは環境保護や動物愛護、中絶反対などと多様化した上、IED（即時爆発装置）などの爆発物製造情報がウエブサイトなどで収集できることから、誰もが簡単・衝動的にテロリストになったり、テロ組織に共鳴し協力するということが、十分あり得るのだ。もちろん、わが国も例外ではないことはいうまでもない（日本はアルカイダの標的となっている）。

ところで、国際テロ事件の日本人被害者を数えると、その多さに改めて驚く。あの9・11テロでも24人が死亡し（それ以前にも、日本人10人が死亡した'97年のエジプト・ルクソールのテロなどがある）、これ以降も、翌年のバリ島同時多発テロで夫婦2人が死亡、'03年にはイラクで当時外務省の奥克彦参事官と井ノ上正盛三等書記官が襲撃され死亡した。'04年にもやはりイラクでジャーナリストの橋田信介さんら2人が、'05年にはバリ島の爆破テロで1人が、'08年にはインド・ムンバイでの同時テロで1人が死亡、同年アフガニスタンでは非政府組織「ペシャワール会」の伊藤和也さんを武装集団が拉致し、遺体が発見された。

さらに'13年にアルジェリア人質拘束事件で10人の日本人が死亡するなど、9・11以降の日本人テロ被害者は、死者だけでも40人を超えている。また、日本は海外においてだけでなく、本土もまさに「テロ被害国」だ。

国際標準の警備が求められる

'71年に起きた、「朝霞自衛官殺害事件」、そして、人質を取って立てこもった'72年の「あさま山荘事件」、死者8人、負傷者376人を出した'74年の「三菱重工爆破事件」などは当時の時代背景を投影した左翼組織によるものであるが、'94年~'95年に起きた、オウム真理教による「松本サリン事件」(死者7人)、「地下鉄サリン事件」(死者12人)などは、不特定多数を対象としたもので、合わせて6千人近い被害者を出している。このような、都心部で神経ガスが撒かれるという、世界に類を見ないテロも経験している。

こうした経緯や、東京オリンピック開催を控えていることからも、わが国は、従来以上に警戒を強める必要があることは、確実である。テロ対策は警察マターであるが、どんな国でも軍が強固なガードを固めているのであり、警察と自衛隊のさらなる〝協同〟が望まれる。

さらに、日本においては、あまり重要視されていないのではと心配なのは、「基地警備」である。例えば、北朝鮮がミサイルを飛ばすとなれば、ほとんどミサイル一色の報道になるが、米軍基地では、基地警備のレベルを引き上げ、工作員の侵入等を厳重に警戒するのが通例だ。

自衛隊においては、昨今のコスト削減が、こうした重要部分に影響を及ぼしているといわざるを得ない。先般、横須賀基地において、米海軍と海上自衛隊、海上保安庁による定例の合同訓練が行われたようであるが、基地の共用化がますます進めば、こうした軍同士の協力の必要性も高まり、日本にも国際標準の警備が求められるようになるだろう。

そういう意味でも、「警戒・監視を強化する」といった最近、流行のキャッチフレーズだけでは、やはり、国土防衛はままならない。そもそも、航空機や艦艇の母基地が叩かれれば、何も機能できないのである。だからこそ、制空・制海権を取られないようにするわけだが、絶対に「想定外」はない、と誰がいい切れるのか。ホームグロウンセキュリティの強力化は不可欠だ。

（2014年1月号）

朝鮮有事－自衛隊に課せられた「難題」

原発や重要施設の防衛から大量難民の扱い方まで自衛隊の手足はがんじがらめ

韓国は親中・反日的な態度を

'15年8月、朝鮮半島にまた緊張が走った。南北の軍事境界線で地雷が爆発し韓国軍兵士2人が負傷、韓国軍が11年ぶりに拡声器による北朝鮮批判放送を再開した。これに反発した北朝鮮が韓国を砲撃、韓国側も反撃を行ったのだ。戦闘服を着た朴槿恵大統領が前線部隊に現れた姿に、改めて南北朝鮮がいまだ停戦状態であることを知らされた。

一方で同大統領は中国の抗日戦争勝利記念行事にも参加し、親中・反日的な態度を堂々と見せている。もし朝鮮有事となれば、日米韓の関係が重要度を増すというのに、韓国の日米に対する態度はまるで逆方向に向いているようである。

いま、日本においては中国による海洋進出が「最大の防衛問題」のようにいわれているようだが、いつ起きてもおかしくない朝鮮半島有事はむしろもっと近くにある危機だとい

っていい。「そのとき」に自衛隊はどんなことができるのだろうか。

その話をする前に、まず朝鮮有事に対する国民の意識を概観してみたい。よく聞くのが「在日米軍基地のせいで巻き込まれる」という不安だ。確かに、これは全く的外れな心配ではない。北朝鮮が何らかの理由で暴発し動乱が発生する→米国をはじめとする国連軍が関与する→米軍基地に対する攻撃が実施される、というストーリーはあり得るだろう。

しかし、だからといって米軍基地がなければ日本が平和に暮らせるかといえば、それはまた違う。

そもそもわが国において朝鮮半島の重要性は古来変わらぬものであり、日清戦争、日露戦争そして先の大戦においても、この地を必死におさえようとしたのはロシアへの恐怖心があったからである。朝鮮半島は日本だけでなく中・露そして米国にとっても地政学的に要石なのだ。米軍が韓国にいて、日本の基地がいざとなれば後方基地となることはロシアや中国に対しても抑止となり、わが国の平和と安全に資する構図なのだ。まずはこの前提を知る必要がある。

では、朝鮮半島有事で考えられる事態の発生と、それに対する自衛隊の対処を考えてみよう。

その1として、まずは北朝鮮による思想工作が奏功し、韓国が北寄りに傾倒していくことが考えられる。すでにそれはかなり進行しているという指摘もある。併せて中国の海洋進出が進み、米国の邪魔ができるようになるとする。そうなれば日米韓の連携が揺らぎ、抑止のバランスは崩壊する。それに乗じてロシアも太平洋に進出してくることが考えられるだろう。

ミサイル防衛は盤石ではない

その2は、北が核の小型化やミサイルの長射程化に成功し、米国本土への攻撃が可能になったとする。その兆候が明らかになった場合は米国による先制攻撃も考え得るだろう。他にも北朝鮮の内部崩壊による闇雲な攻撃などの恫喝、20万人ともいわれる特殊部隊によるテロ・ゲリラなど想定できるシナリオは多々ある。

しかし、ご多分にもれず**自衛隊のできることは限定的だ。朝鮮半島で国連軍と共に戦わないことはもちろん、専守防衛でミサイルや特殊部隊の攻撃から国民を守ることになるが、ミサイル防衛は核を持たない日本にとりあくまで次善の抑止策であり、盤石ではない。**ディフェンスできる数は限られており、それを超える数が撃ち込まれれば防ぎようがない。

また、日本を射程内におくノドンは車両に搭載する移動式であり、策源地を特定することは米国の衛星でも難しいといわれている。つまりいわゆる敵基地攻撃は、日本が現状をはるかに超える情報収集態勢を作りでもしなければ現実的ではない。まして、それには韓国の協力が不可欠であり、現状では許可や協力が得られるかどうかさえ不透明だ。

航空自衛隊の対領空侵犯措置や、海上保安庁及び海上自衛隊の領海侵入対処の現場判断の難しさについてはこれまで述べてきたとおりである。テロ・ゲリラについては、まず警察が対処し、その能力を超えれば陸上自衛隊が対処することになるが、'96年、韓国に北朝鮮ゲリラ26人が上陸した際、韓国軍はなんと6万人の兵士を50日間投入した。これは陸軍約52万人、予備兵力約320万人の韓国軍だからできたことだ。減らされ続けている日本の陸自人員では到底できない。

米軍や国連軍への後方支援も

さらに、自衛隊は自衛隊と米軍施設については警護出動で防護ができるが、原発や重要施設などそれ以外は治安出動か防衛出動が下令されなければ守ることができない。しかも警察行動という位置付けのため武器使用は抑制的だ。在韓邦人の救出・輸送についても空港や港湾まで行き輸送することはできるが、そこまでは自力か在外公館等の協力を得て来てもらわなければならない。その範囲外で邦人が危険に晒されていても自衛隊は守ることはできない。

今回の地雷事案のように、何らかのきっかけで突如として朝鮮戦争の休戦が破られることがないとはいえない。そのときは当時の国連軍16か国のうち、多くの国の参戦が考えられるだろう。**日本人は知らない人が多いようだが、国内にある米軍基地のうち7か所は国連軍の基地でもある。そのため、これらは朝鮮有事の際には重要な兵站拠点になる。**

わが国としてはこうした拠点の提供や陸海空自衛隊による支援を行うことが第一義になるのだろう。そのためには、米軍だけではなく国連軍への後方支援やそこに含まれていない韓国に対する支援も法的に担保されなければならない。とにかく、自衛隊は自らのできないこと足りない権限を、米国をはじめとする他国に頼むしかないのが現状だ。

一方でその協力相手たる韓国はＧＳＯＭＩＡ（軍事情報包括保護協定）の日本との締結合意に難色を示しているなど、国内の反日感情や中国への配慮を優先しているという有り様だ。物資の提供も含めた協力の枠組みが韓国のためにも早急に望まれる。

こうした動きや、韓国が戦時作戦統制権を米国から自国に移管させようとしているのも（'15年を目標としたが北朝鮮の脅威増加により延期された）、韓国が米国より中国、あるいは日本よりも北朝鮮になびいている兆候と見ることもでき、思想工作の成果なのかもしれない。いま、日本国内でも同じようなことが起きていることは明らかで、これは最も憂慮すべき事態だといえる。

また、シリア難民がドイツなど欧州諸国に流出しているが、朝鮮半島有事では日本にも大量の難民が押し寄せる可能性が高い。何万か何十万か計り知れない難民をどう受け入れるか、武装していたらどう対処するのかなどその取り扱いは不透明だ。

明らかなことは、自衛隊は日本を、国民を守らねばならないということだけだ。その手足を縛るようなことを日本自身がしているのであれば愚かであり、韓国を評する資格はない。

（２０１５年10月号）

「安保法制」後に必須な新条件とは何か⁈

国内の法整備に続き活動への環境や装備を備えさらに国民の理解と支持を！

「グレーゾーン」の役割分担も

私は毎朝、AMラジオを聴いているのだが、先日、ニッポン放送「高嶋ひでたけのあさラジ」のなかで紹介されていた川柳にちょっと驚き、また思わず笑ってしまった。それは「オスプレイ、ドローン並みに嫌われて」というものだったと思う。ちょうど前日にオスプレイ（CV22）が横田基地に配備されると発表されたのだった。

テレビ等ではこの時期、何かと国民の不安をいたずらに煽る報道が繰り返されているなか、おそらくそれらに飽き飽きした中高年の男性が、ラジオ片手に朝の散歩でもしながら投稿したのだろうか…。日本の防衛に資するはずの様々なことが、国内で攻撃を受けている。

'15年4月末に日米両政府は、防衛協力のための指針（ガイドライン）**を改定した。目ま**

ぐるしい変化を遂げている安全保障環境を鑑みれば、この意味合いは大きい。'97年に取り決められた今日までのガイドラインは、わが国の有事のほか、朝鮮半島など周辺国の有事における日本と米国の役割分担を明記していた。新ガイドランではそれに加え、自衛隊による米軍への支援を世界規模に広げることになった。

「日本の平和と安全に重要な影響を与える事態」と判断すれば、日本から離れた場所であっても米軍に後方支援が可能となるほか、国際的な安全確保のための米軍の活動に対しても後方支援可能となる。

また、日本の防衛そのものについても、平時・有事にとらわれない協力体制を約束し、武力攻撃にまで至っていない、いわゆる「グレーゾーン」事態における役割分担も定めた。日本が武力攻撃を受けたという想定では、尖閣諸島などへの対応が新たに盛り込まれている。新ガイドラインは従来の能動的な活動については全面米軍への依存型から、そうしたことにも少しずつでもお手伝いができるようになったといえるだろう。逆にいえば、これまでは自国の危機であっても積極的な協力など、大した活動ができなかったということでもある。

日米ガイドラインは本来、中国の海洋進出などに対応すべく'14年末には改定するはずであったが、日本国内の議論が難航したことから半年近く氷漬けになっていたのである。「国会の議論もせずに頭越しだ」などという批判がなされているようだが、これを待ってくれなかったのは米国ではなく、他でもないわが国周辺の安全保障情勢だといっていいだろう。そういう意味で、今回の安倍首相の渡米に際し、「ＴＰＰとガイドラインをお土産に持っていく」ともいわれていたが、ガイドライン改定については米国へのお土産というより、むしろ日本が自らを助けるものだといえるだろう。

「自分さえ平和なら」が限界に

ガイドラインを改定し、次は日本の大型連休を挟んで国会での安全保障法制論議という運びになった。ガイドラインの内容を実現させるためには、国内の法整備が必要となるのである。このため、「先に米国と約束を取り交わし、既成事実を積み上げている」という批判が出ているが、順番が違うかどうかよりもガイドライン改定が延び延びになっていたことや先延ばしの悪影響について、もっと説明されてしかるべきではないだろうか。

とにかく、こうして日米同盟体制が深化し、ひいては日本の安全保障が確立される流れとなったわけであるが、ガイドライン改定への反発を引き受けるように、国会での安保法制論議でガイドラインが後退するような事態になることは避けたい。ガイドラインが効果的に運用されるためには、国民にもっと本質的な理解をしてもらう必要があるのではないか。

気になるのは、こちら側では常に中国の台頭という目先の危機にのみ関心が向けられていて、これがエスカレートしたときに米国がどれくらい関与してくれるのか、助けてくれるのかといった視点でばかり語られていることだ。

一方、米国はアジア太平洋地域のリバランスを同盟関係強化により図っていこうというものである。日本はそろそろ「自分さえ平和ならいい」というスタンスでは立ち行かなくなったのだという現実を、国民に理解してもらったほうがいいだろう。

さて、では安保法制がなんとか整ったとして、それだけで自衛隊が画期的に行動しやすくなるのかといえばそれは違う。集団的自衛権行使容認となっても、あくまで現憲法下で自衛隊が自衛隊である限りは、その行動に制約がある現状を大きく出ることはない。中途半端な状態がかえって隊員を危険に陥らせるようなことがあってはならない。

国民の理解を得て予算増額へ

また、常に申し上げているように、**法整備をしても自衛隊にそれに伴う環境を持ってもらわなければ絵に描いた餅であるばかりか、それこそ自衛官に大変な負担を負わせることになる。相応の装備、相応の訓練環境、そしてそのために何より不可欠なのは相応の国民の理解と支持だ。**

国民から「安保法制で何か怖いことになるのか」「ウチの子は戦場に行かせたくない」などと、的外れな声を聞くのは自衛官にとって最も辛いことであり、そうした反対の空気渦巻くなかでの法整備はまことに気の毒である。

先日、自衛隊の記念行事を取材した際、部隊の正門前でいわゆる市民団体の人たちが「自衛隊に反対します」などとチラシを配っていた。部隊の行事には隊員たちの家族も訪れている。わざわざ家族が来るであろう場所でのこうした所業には憤懣やるかたない思いだった。だいたい官邸や議員会館などならまだしも、部隊の門前でそんなことを訴えても何の意味もないのである。嫌がらせ以外の何ものでもない。

安保法制を通すことは決して最終目的ではない。自衛隊にそれに見合う環境を提供することは必要不可欠だ。例えばある技能を持った隊員が海外に赴く機会が増えれば、訓練の時間が減るわけでそれをどう担保するのか、支える家族の支援体制をいかにするかなどなど――整備するべきことは多々ある。そのためにかかる経費が現状の予算で済むはずがなく、相応の増額も必須条件だ。ガイドラインも安保法制も結局は金が必要なことだ。予算を増やすためには国民理解が欠かせないという方程式である。「理解とともにカネも得よ！」といいたい。

いずれにせよ、**自衛隊が活動するための環境作りをしっかりと整えてほしいと思う。「自衛官たちはどう思っているの？」。これもよく聞かれるが、「いわれたことをやるだけです」という答えしか見つからない。自衛隊とはそういう組織だからだ。だからこそ、不備不足があるなかで無理をさせることだけはあってはならないと切に思っている。**

（2015年6月号）

自衛隊強化だけで「テロ防止」は出来ない

すでに複数の日本人が「イスラム国」の構成員になっているという情報もあるが

過激派組織「イスラム国」による「人質事件」は、日本人2人が斬首されるという惨たらしい結果となった。その後、殺害されたとみられる後藤健二さんと湯川遥菜さんの追悼集会が全国各地で開かれた様子が報じられたが、日本は変わっていないという気がしてならない。

かつてわが国は松本、地下鉄サリン事件で死者は合計約20人、約7千人近い被害者を出したにもかかわらず、その教訓はテロ対策や治安維持に活かされているとはいい難かった。

テロ対策はゴミ箱撤去と追悼

その後に実施したことといえば、ゴミ箱の撤去と追悼だけだったと皮肉る声を聞いたことがある。今回も同じようにただ悲しむだけでいいのだろうか。そんなはずはないことは分かり切っている。

テロの定義については、世界標準というものはない。米国でもその手法などの変化とともに再定義されており、国務省やFBIなどの機関によっても若干違いがあるが、共通する大まかな括りは、その行為が「政治上の目的を達成するため」「不安や恐怖を抱かせるため殺傷や破壊等の暴力行為を伴う」ものであることだ。つまり、通り魔による無差別殺人の類はテロとは呼ばない。

なお、防衛省・自衛隊においては自衛隊法81条の2でテロの定義が見て取れる。「政治上その他の主義主張に基づき、国家若しくは他人にこれを強要し、又は社会に不安若しくは恐怖を与える目的で多数の人を殺傷し、又は重要な施設その他の物を破壊する行為」とある。

世間では今回の事案を「人質事件」として、一般的な誘拐・人質事件と同じように捉えられているようにみえるが、これは明らかなテロである。わが国ではまだ「事件」と「テロ」の区別が認識されていない。

テロは政治上の目的により生起し、翻ってみれば、テロに対し政府が政策を変更することは、テロリストを「勝利」させることに他ならないのだ。妥協により、一時的には問題が解決しても、その後、さらなるテロを呼びこむ危険性が大であることを肝に銘じなけれ

ばならない。

小泉政権時にもイラクからの自衛隊撤退を要求する犯人グループが、日本人青年を殺害したが、この時、日本政府は「テロに屈しない」という方針を貫いた。こうした意思表明が次の犠牲者を出さないことに繋がったと考えられる。

現在、すでに複数の日本人が「イスラム国」に入り構成員になっているという噂もある。今後、彼らが「人質」として、または「犯人」として登場する可能性も否めず、その時はどうするのか、様々なケースを想定しておく必要があるだろう。

環境保護や中絶反対が動機に

今回、２人の日本人殺害について報道では「最悪の事態になった」といっていたが、今後、構成員となった日本人が帰国し、日本国内でテロを起こすといったシナリオもあり得る。そういった意味ではさらなる「最悪の事態」は様々に考えられる。そのような事態にまで思いを巡らせ、予防することが喫緊の課題ではないだろうか。

また、昨今はテロの首謀者が自国内で生まれ育ち、前科もなく、生活に困窮しているわけでもない「ホームグロウンテロ」も急増している。

「ホームグロウンテロ」は、組織からの指示を受けているわけではなく、全く独自に、インターネットの情報などによりテロに及ぶものである。こうなると予兆を察知することは極めて難しい。その動機が個人の主義・思想のみならず、厭世観あるいは環境保護や動物愛護、中絶反対などと多様化し、誰しもが簡単に、また衝動的にテロリストになったり、テロ組織に共鳴し協力することも十分あり得る。

こうした最近の状況を踏まえ、これからわが国がすべきことは何かを考え、国民一丸となって真剣に取り組まねばならない。しかし、メディアでは相変わらず被害者の生前の仕事ぶりや性格などに話題が集中し、その功績を讃える空気まである。これらの情報はテロ解決に何の意味もなさないものだ。

ただ一点、感じたのは、テレビ局によっては組合が大きな力を持っている所も少なくなく、社員が紛争地に赴くことは難しい。そのため、フリージャーナリストのような人たちに依頼し映像を買うことが恒常的に行われていた。お涙ちょうだいのエピソードは氾濫しているが、そのあたりの構造的問題はベールに包まれているようだ。

今回の事件が今後の安全保障法制に影響するともいわれるが、これらを関連付けるのには無理がある。自衛隊が「法的に」邦人を救出できるようになれば解決するかといえば、短兵急にできるはずはない。本当に実現を目指すのなら、どれくらいの準備が必要かなどの見積もりから始めなくてはならないだろう。

国家の一員という意識が必要

また、防衛駐在官の増員が検討されることになったが、これも増やせばいいというものではなく、その目的は「いかに情報を取れるか」であることはいうまでもない。テロ対策には、どれだけの人脈を持ち、協力者を確保するかが鍵となる。民間の情報力活用や情報専門機関の創設も検討が急がれるところだ。

防衛駐在官による軍人同士の関係構築が重要なのは当たり前のことだが、自衛隊の人員を容赦なく削りながら、「雪かきをしろ」「鶏の処分もしろ」「テロに備えて中東の駐在官も増やせ」というのは些か乱暴ではないだろうか。何か起きる度に「自衛隊の○○を強化する」などという声が出がちだが、政治サイドは常に国防のプライオリティーを見失わずにいてほしい。

私たち国民にもすべきことはある。自国育ちのテロを起こさないためにも、個々人がインターネットで何を見ているかまでは分からないまでも、警察だけでは目の届かない隣近

所の動向、周囲の人のちょっとした変化にもっと注意を払ってもいいだろう。

プライバシーの問題もあり、他人に無関心であることが当然のこととなっている昨今だが、今回の事件は「自由」や「権利」といった言葉を金科玉条のように崇め讃える現代人に一石を投じたような気がしてならない。いくら自己責任といっても、国外で何かあれば結局は国が面倒を見ることになるからだ。

グローバルだといっても、よその国が無条件に助けてくれはしない。個人といっても国家の一員であるという意識や自覚が絶対不可欠だ。日本社会を支えるのは結局、法律や制度だけではなく、公共心と諫める身近な人なのだ。

一方で、サミットや東京オリンピック開催などを控えているわが国としては、従来以上に警備体制を強化する必要があることは間違いない。そのための最も大きな力は政府、警察、自衛隊への依存ではなく、国民それぞれの意識向上ではないかと感じる。

（2015年3月号）

「離島防衛」の裏に隠された自衛隊の苦悩

いざとなれば自衛隊が展開できる拠点を構築するために国家の決断が不可欠だ

「拳銃2丁で守る島」に部隊を

最近、ある元東京都知事がかつていっていた言葉をよく思い出す。曰く、自宅の建築を依頼した建築家が「（オーナーの）いうことを聞きすぎて使いにくい家になった」というもの。家族の強い要望を最大限汲んでもらったら、完成した家は失敗作になったということである。建築家はプロなのだから、注文を全て聞き入れず、諫めることが必要だと…。

何という勝手ないい分と思ったが、確かに部分最適が全体最適とは限らない。この話を憂国の士で知られる人物から聞いたことはどこか示唆的であった。国益と信じるその時々の情熱も、不作為に国家を存亡の危機に陥らせることもある。

前置きが長くなったが、今回は離島防衛である。なぜ尖閣諸島を含めた離島の数々が大事なのかや、中国の思惑や動向については『テーミス』読者の皆さまには改めて説明するまでもないと思うので割愛したい。

その上で、**戦略的に重要な尖閣諸島を含む南西方面の防衛態勢がどうなっているのかをまず述べたいが、これが現状では残念ながら極めて脆弱なのである。**

九州の南端から国境の島である与那国島までは1千500キロメートルあり、これは本州との距離と同じくらいになる。この間における自衛隊は、決して規模の大きくない陸海空の部隊が沖縄本島にあるが、それ以外は久米島や宮古島に航空自衛隊のレーダーサイトがあるだけであった。

この状況を打破すべく、沖縄本島の航空自衛隊のF‐15戦闘機部隊が1個飛行隊から2個飛行隊となり、青森・三沢基地のE‐2C警戒監視隊を分割し沖縄にも配備、'17年度には新型のE‐2Dも導入されるなどの措置がとられることになった。

また、警察官が2人いるだけで「拳銃2丁で守っている島」といわれた与那国島には、陸上自衛隊が100人ほどの規模ながら部隊を設けることになった。ただ、いずれにせよこれらが整うのは'18年度であり、しかも与那国島についてはここにきて、反対派が住民投票を目指すなどの動きがあるなど、依然として不安要素が拭えない状況だ。

尖閣問題に関しては、こんな細かい措置をするよりも「魚釣島に自衛隊の部隊を置け」

などと勢いのいい声もあるが、そのような、わざわざ敵に口実を作らせるような行為は避けるべきで（そもそも軍事的合理性がないが）、それよりも宮古・石垣・与那国島あるいは奄美諸島、下地島などの地点に、いざとなれば自衛隊が展開できる拠点を構築することが重要だ。まずは、いち早く不穏な動きを察知すること、そしてその時に様々な駒を進められるようにしておく意味は大きい。そのために、一見、地味に見えるこれらの施策は確実に実現させなければならない。

オスプレイ導入が予算を圧迫

こうした流れの中で陸自は今、その組織の歴史的大改革を遂げようとしている。中でも目玉は'18年度を目標に進められている「水陸機動団」の創設だ。３個連隊約３千人規模の部隊となる。その一環として、防衛省は米国製の水陸両用車ＡＡＶ７やオスプレイの購入を決定している。

このことについてよく聞くのは、「陸自は離島防衛や水陸両用作戦について何の準備もしていなかった」というものだ。だから、米国の装備を導入して急いで整備すべきというものだが、これには誤解がある。陸自では10年以上も前から将来の脅威対象を見据えた多様な検討をし、だからこそ'02年に西方普通科連隊（西普連）が作られていた。苦しい予算や政治的・法的な制約がなければ装備開発も進められたであろう。

産声を上げた頃の西普連は、米海兵隊の訓練に参加しても「見学するしかできないことが多かった」と関係者は振り返る。限られた資源でのたゆまぬ努力により最近では「成長ぶり著しい」と、むしろ米側を驚かせるほどだと聞く。

しかし、これまではできる範囲でなんとかしてきたものの、それでは立ち行かなくなったというのが事実だろう。同時に世の中の水陸両用装備の導入機運が急速に高まったことが今回の購入にも繋がった感がある。確かに、この姿勢は日本の「本気度」を示すためにも有効だが、心配なのは将来的なコストである。いつもお金の話で申し訳ないが、今現在の最適化が後世に負担を残すこともあり得るからだ。

島嶼部に機動展開するためにはオスプレイが必要だというが、本当に陸自に必要なのかという声もある。

従来の輸送ヘリよりも速度が2倍、航続距離も4倍となるオスプレイの能力はぜひとも欲しいところだが、1機約100億円ともいわれる価格のみならず、維持・整備にかかる費用や教育・訓練など、かかる諸々のコストは相当に膨れ上がることは容易に想像できる。防衛予算が画期的に増えない限り、他を削減するしかない。最悪の場合、大型輸送ヘリCH-47を諦めることも考えられる。

任務に見合った手当もないと

しかし、同機は災害派遣などで多くの人や物を運ぶ光景がよく見られるように、様々な事態でのニーズが高い。オスプレイの場合は人員はその半分ほど（CH-47が55人に対し24人）しか乗れず、狭い内部には高機動車などの車両は搭載できない。これは運用構想が異なるからであり、実際に米陸軍はオスプレイを持っていない。AAV7も同様であるが、日本国内にしっかりとした整備基盤を構築させなければ、可動率維持にも心配が残る。

オスプレイやAAV7が必要ないというわけではない。自衛隊の統合機動防衛力強化に伴い、陸自の負担が想像以上に増大し、「統合機動」はできても「防衛力」が減じてしまうような事態は何としても避けたいだけだ。「海兵隊的」機能付与で陸軍力が軽視されるようなことがあってはならないと思う。

ここで一つ、ぜひ知っておきたいのは自衛隊は「与えられた条件下で」「最大限の実力を発揮する」組織であり、条件を変えてくれと訴えることはできないことだ。彼らは自らの肉を切り落とし、骨を削ってでも国を守ろうとするだろう。そうならないためには、将来コストをしっかりと見積もり、それに見合った予算の大幅に増額をするしかない。

これは国家として決断する以外ない。新設される水陸機動団については、隊員の任務に見合った手当の問題もある。現状では水路潜入といった特殊かつハードな任務を行うため精鋭を集めた西普連でも、一部の隊員しか手当を与えられていない。

これら諸々のインフラ整備をトータルすれば、いかほどの試算になるだろうか。やるからには相応の支出を覚悟する必要がある。「買った」「造った」で済むと思ったら大間違い、日本を住みにくい家にしないためには、国家による今現在の視点だけではない決断と、それに伴う覚悟が欠かせない。


（2015年1月号）

第2章

知られざる陸・海・空自衛隊の実態

日本の「ミサイル防衛体制」に死角あり
いまや防衛兵器より攻撃兵器が優位という事実を認識し日本独自の兵器開発を

THAAD導入が既定路線に

日米首脳会談がうまくいっても、尖閣諸島に日米安全保障条約第5条が適用されると米側が明言しても、これをもって「日本の防衛は任せて」というわけではないことはいうまでもない。日本は受け身の姿勢ではなく「どのような役割を見いだすのか」を考えるべきだ。

「トランプ政権になったら防衛費増を求められる」ということで、警戒したりあるいは自主防衛への道などと歓迎したりする声があるが、本当はどうなのか――。ここ10年以上、防衛費増額の必要性を訴えてきた私としては、もちろん歓迎する側に入るが、トランプ政権の真意を見極めなくてはならない。

まず、「何を増やすのか」である。すでに防衛省では大臣の視察なども実施されており、ＴＨＡＡＤ（高高度迎撃ミサイルシステム）導入への地ならしが始まっている。だが、「防衛費増」の中身はおそらくミサイル防衛が中心になると思われる。そうなれば、増額分のほとんどは米国製品の「買い物」で終わってしまいかねない。

次期防衛計画の大綱の検討も前倒しで始まるが、目まぐるしい中国の動向や米国の戦略変化にいかに対応すべきかが、10年に一度の防衛大綱では追い付かなくなってきたからであり、「ミサイル防衛を強化する程度でお茶を濁すようなら意味がない」と、案じる声もある。

ここで、ミサイル防衛とはどのようなものなのか、おさらいをしておきたい。すでに日本にあるのはイージス艦搭載の迎撃ミサイル（ＳＭ３）と地上配備のパトリオットミサイル（ＰＡＣ３）である。これらに関係する自衛官たちは、破壊措置命令が'16年8月から常時出されている状態にあるため、現在も出口の見えない任務にあたっている。

そこに三つ目のツールとしてＴＨＡＡＤが有力視されている。これは有効高度が40〜150キロメートルといわれ、イージス艦搭載のＳＭ３が70〜500キロメートルであるので、それよりも低い大気圏内での迎撃となる。地上配備型のＰＡＣ３は15キロメートルで、これで迎撃するような事態となれば、地上到達の5秒ほど前ということであり、守備範囲が限定的であるだけでなく、破片などの二次被害も発生する。そこで、国土へのダメージがＰＡＣ３より軽微であろうＴＨＡＡＤで三重の守りを固めようというものだ。

当然、大気圏外でのＳＭ３による迎撃が望ましいが、対応できるイージス艦は日本全域を網羅するにはまだ足りていない。今後６隻体制から８隻体制に増強されるが、７隻目が建造中で８隻目は’18年度までに調達される予定であり、配備されるまでには相当の時間を要する。

中国のミサイル迎撃は不可能

イージス艦ができても、海上自衛隊の人員不足が解消されるわけではなく、定員に対して３千人が足りない。こんな悲惨な状況は海自のみならず自衛隊全体にある。これまで続けられた「人減らし」の結果だ。

最近、やっとわずかな増員が認められるようになったが、不足分を補うだけで毎年100人ずつ増員しても30年かかる。いまになって増やしても、少子化や景気の好転などで希望者が減っており、ますます定員を満たすのは困難だ。

その上に艦艇数を増やす任務が追加されればさらに人員不足に陥る。

ミサイル防衛の候補としては地上配備型イージスミサイル防衛システム「イージス・アショア」も挙げられているが、こちらに期待されるのは省力化という点もあるようだ。

そもそもミサイル防衛はどれくらい有効なのか――。「飽和攻撃には耐えられない」。つまり、相手のミサイルが迎撃ミサイル数を上回っていれば国土・国民を守れないことはだんだん、周知のことになっている。それ以前に多くの専門家は「防衛兵器に対する攻撃兵器の技術的な優位は当面続きそうだ」と分析している。

米国の大陸間弾道ミサイル（ＩＣＢＭ）はモスクワと北京のミサイル防衛システムを突破できるが、同様にロシアと中国のミサイルも米国の防衛システムを突破できる。加えて迎撃のほうがコストがかかる。

わが国のミサイル防衛だけを考えても、なぜか「北朝鮮のミサイル」だけ恐ろしがって、中国のそれには関心が薄い。だが、実際、日本の迎撃ミサイルは中国大陸北部やモンゴル付近から飛来するような最大距離3千～5千500キロメートルの中距離弾道ミサイルの迎撃はほぼ不可能だといわれている。

もし周囲に、ミサイル防衛さえすれば国を守れるかのように信じている人がいたら現実を教えてあげてほしい。これが万能ならば米国本土はあらゆるエリアをミサイル防衛システムで覆うはずだ。しかし、それを実現するにはとてつもない費用と技術力が必要なのだ。列記してきた大国が「盾」だけでなく核を搭載できる「矛」を保持していることで、抑止力足り得ていることは言をまたない。

米国に欠かせない「同盟国」に

そしてもう一つの懸念は、弾道ミサイルだけではなくロシア・中国が強化している巡航ミサイルや超音速ミサイルの存在だ。中国は台湾や尖閣諸島付近の海上保安庁の船舶などは完全に射程に収めているとされ、米軍基地も危険に晒されている。巡航ミサイルは地上や海面上スレスレを飛ぶため補足困難で、それは日本本土だけでなく米軍の空母も含めた基地など拠点が弱体化されることを意味しており、即ち日本の防衛体制が不安定になることを意味する。

このあたりはピーター・ナヴァロ氏の『米中もし戦わば』（文藝春秋）に詳しい。ナヴァロ氏は現在、トランプ政権で新設された国家通商会議委員長。大統領は同書にいたく感銘を受けたといわれ、今後の米国の政策に及ぼす影響が気になるところだ。

実は'16年、陸上自衛隊の中距離地対空誘導弾（中ＳＡＭ）改が米国内の演習場で超音速ミサイル迎撃試験に成功したと米陸軍のＨＰで発表された。中ＳＡＭについてはかねて米軍がその命中精度などを高く評価しているようで、現時点で持っているこのような技術をさらに発展させることは、ただ米国産を買い続けるよりも大事なはずである。

一方で、米国の装備購入は日米で構成される防衛システムの成り立ちや外交上も不可避な面もあり、それを全て否定するわけにはいかない。しかし、米国は現在、ロシア・中国の軍事能力の向上を相殺するための技術革新を目指す「第３次相殺戦略」として新たなハイテク通常兵器開発を進めようとしている。**日本は中ＳＡＭのような現行の技術を活かしたり、レーザー砲のような兵器の開発に国費を投入し、米国にとって「欠かせない同盟国」になる必要がある。**

仮に防衛費の増額をするなら、「買い物」に費やすよりもそのほうが有益ではないだろうか。**「ミサイル防衛を強化する」という言葉の意味を深く捉えていきたいものだ。**

（２０１７年３月号）

『シン・ゴジラ』防衛出動は可能なのか？

映画では「超法規的措置」とされたわが国の危機管理や意思決定の問題点は多い

防衛省内で「リアル」と話題に

いまなお話題の『シン・ゴジラ』。またこれまでのような現実とかけ離れた映画なのだろうと決めつけていた。しかし、さにあらず。最後まで全く退屈しない作品だった。防衛省・自衛隊また霞が関の人々からも、国の意思決定のプロセスなどが「現実とほとんど同じ」だという評価が続出、「ゴジラ」という非現実（いまのところ）とリアルすぎる場面が見事に描かれた、虚実共存の傑作だといえるだろう。自衛隊の高級幹部会同で安倍首相が言及したり、「あれは防衛出動なのかどうか」が省内の会議でも話題になったようで、慌てて映画館に行った将官たちもいたと聞く。

作品の完成には各地部隊の協力が欠かせなかったと思われるが、自衛隊というのは行事や訓練計画などがきっちりとぎゅうぎゅうに詰め込まれたもので、こうした撮影協力は、いくらPRに繋がるといっても迷惑千万な話であったことは間違いない。しかし、これだけの内容とその影響を鑑みれば協力しがいもあったというものではないだろうか。世の中には簡単に「自衛隊の協力を得たい」などという輩がいるが、『シン・ゴジラ』を観て頭を冷やしてほしい。

各方面から高い評価を得る所以は解説書を読んでみると、さらに合点がいった。リサーチ力が半端ではない。装備や指揮所、無線のやりとりなどを様々な部隊で調査し、あるいは自衛隊側から回答を得られないものについては海外の軍隊の写真を山ほど自衛隊側に見せて添削してもらったという。これだけの研究がなされたからこそ、劇中の各所に登場する陸上自衛官の立ち居振る舞いに違和感がない。しかし、それだけに統合幕僚副長の階級が陸将補になっていたことが気になってしまうという面もあったが…（本来は陸将）。

リサーチのすごさはそれだけではない。3・11のときの膨大な資料を読み込んで、こんなときはどのような組織が立ち上がるのかというところから詳細に調べている。緊急参集チーム、官邸連絡室、官邸対策室、官邸対策本部、さらに現地や各省庁にも立ち上がる対策本部、その出席者や席次表も全てチェックし、閣僚や官僚の喋り方や割り当て時間内で喋る速度も研究している。普通はこうしたシーンのセリフがカッコよく演出されるものだが、実際はペーパーの棒読みだったりするところが正にこの映画の「リアリティ」だ。

対ゴジラ出動の法的根拠とは

真骨頂は、ゴジラが出現したらどのような法律を緊急に整備しなければならないかについての調査・研究だ。有事法制に関する数々の論文や防衛白書など膨大な資料を読んで整理したというだけあって「私有財産制度の観点から、住宅を壊して陣地を造ってはいけない」であるとか、「多摩川で作戦をやるとなると、部隊の移動や陣地の構築次第では河川法や道路交通法などを調整する必要が出る」など、自衛隊内でもここまで詳しい人はそういない。

実際、災害派遣の現場では様々な法的制約に人命救助や捜索の邪魔をされている現実がある。津波で流された車は私有財産なので自衛隊が勝手に移動させられないとか、ご遺体を発見し運び出そうとしたら警官に諫められ「逮捕する」といわれたなどということもあった。一刻も早く救助活動をしようと駆けつけた米軍艦船の入港が許可されなかったり、北海道の部隊がフェリーを使おうとしたが、航路等の変更には国交省への申請が必要で容易にことが運ばなかったり、10万人体制で災害派遣をした自衛隊に糧食を送りたくても統制がかかっていたため調達ができないという状況にも陥った。

それでも現場の自衛官に食事を摂ってもらおうと、関係者の必死の努力でなんとか缶詰やレトルト品を増産したが、消費期限などの刻印がないと出荷できないため、こんどは関係省庁との調整に苦労しなければならなかったとか、そのような話は枚挙に暇ない。『シン・ゴジラ』では自衛隊サイドの細かいドタバタまでは描かれていないまでも、いかに手足を縛られているかを知った上で作られたことがわかる。

そして有事法制への問題提起にもなったのがゴジラに対する自衛隊出動の法的根拠が「防衛出動」だったことだ。この点に石破茂元防衛相や東日本大震災時の官房長官だった枝野幸男氏が異を唱えている。両氏もいうように、もし現実であれば害獣駆除として災害派遣を適用するのが妥当だという識者の指摘が多い。私も同様に思う。

法的根拠を探るため、まず最大の問題は「ゴジラは何をしに来たのか」である。2度の上陸で都心は壊滅的な被害を受けるが、実際ゴジラは巨大な生物が単に移動しているだけで意図は不明である。どこかの国が破壊を企図して派遣したのか、昨今問題になっている鹿や熊のように食べ物でも求めて来たのか。

いずれにしても、そういう意味では防衛出動の要件である「国または国に準ずる組織によるわが国に対する急迫不正の武力攻撃」には合わない。自衛隊はかつて'59～'68年の間に3度「災害派遣」名目でトドの駆除に出動したことがあり、それも空自・戦闘機での機銃掃射や陸自の特科部隊に機関砲や75ミリ榴弾砲まで使用していたという。対ゴジラもそのケースに近い。

緊急事態への対応策が急務だ

しかし、月刊誌『正論』'16年11月号で浜谷英博・三重中京大学名誉教授が指摘しているが、トドの場合は漁網への被害が甚大だったことから財産権侵害の観点で派遣が実施されたが、ゴジラの場合、1回目の上陸の際はその影響も分からず、仮に海で発見されてもそれだけでは動物愛護や保護の法律もあり攻撃をすることはできないため、水際で阻止し被害を100《パーセント》防ぐことは難しいと考えられる。

ともあれ問題の核は、映画においても「防衛出動」はそぐわないとしながら「超法規的措置」で下令されたように、法体系が現行のポジティブリスト方式では法律に書いていないことは常に超法規的に処理しなければならない点だろう。浜谷教授は国家の緊急時に政府が機能しないような状況に陥った場合に法的根拠に窮する事態が想定されるとして「憲法に緊急事態に対応する基本条項を設け、緊急事態宣言下でも立憲主義を貫き通すため、対応措置を容認する法的根拠が整備されなければならない」としている。

日本は法治国家だなどといわれながらもドラマのヒーローは法に縛られず英断を下す「超法規的」タイプが多い気がするが、この国の大いなる矛盾ということなのだろうか。

『シン・ゴジラ』が示唆するわが国の危機管理や意思決定の問題点は数多い。しかも、映画では内閣官房副長官が色々な障壁を乗り越えて解決に導くが、通常なら硬直した制度の中で座して死を待つようなことになりかねない。ゴジラはそれを告げに来てくれたのだろうか。

（2016年11月号）

航空自衛隊－「緊急発進《スクランブル》」を支える士気

日本の空を守る「隙のない体制」を維持しているのは隊員たちの弛まぬ努力だ

Ｆ－15が一度に６機出動すると

領空侵犯のおそれがある国籍不明機に対する航空自衛隊機によるスクランブル（緊急発進）が増え続けている。とりわけ中国機に対するものが'16年４月からの３か月間で199回に上り、昨年度の同時期と比べて約１・７倍に増加していることが明らかになった。

空自戦闘機パイロット経験者は、スクランブル対象がかつてのソ連のような爆撃機から戦闘機に変わってきており、緊迫度が増していると指摘する。中国機が増えているということは即ち沖縄・那覇基地の緊急発進が増えているのであり、最近は１日に２回以上のペースでＦ－15がスクランブルしているという。しかもこれまでは２機で飛び立っていたが、中国機が束になって飛来することもあるため、一度に４機や６機が出動することも起きているらしい。こうなってくると、現場の緊張感はいかばかりだろうか。

「休めているか？」という先輩の問いに対し、中国に台風が来ていれば（飛んで来ないので）休めるという答えが返ってくるというので切なくなる。休めるといっても待機しなくていいわけではない。彼らは5分待機を24時間365日続けているのである。

緊急発進するのは戦闘機ばかりではない。まずその前にE－2CやAWACSといった早期警戒管制機がスクランブルしている。この数は戦闘機の倍であり、戦闘機によるスクランブルと合わせれば相当なものになる。こちらも30分待機であり、各地のレーダーサイト同様24時間の監視体制である。

このように常に即時即応のスクランブルができるのは世界でも日本、韓国、イスラエルくらいで、わが国が世界一の実力を持つといわれている。日本の空を守るのはこうした「隙のない体制」にこそあるのだ。

航空自衛隊は'16年2月、那覇基地にあった第83航空隊を第9航空団に新編し、福岡県の築城基地からF－15戦闘機を移し、これまでの20機体制から40機体制に増強した。隊員は300人増え1千500人体制だ。また'14年、三沢基地に配備されていた13機のE－2Cから4機が那覇に移転し、警戒航空隊603飛行隊が創設された。

これは'12年に中国国家海洋局所属のプロペラ機Y－12が尖閣諸島の魚釣島付近で領空侵

犯するという事案が発生した際、自衛隊のレーダーがこれを捕捉できなかった痛恨事がきっかけだった。発見したのは海上保安庁の巡視船だったのだ。当時の岩崎茂統合幕僚長は記者会見で「日本周辺の空域の警戒監視を行っているが、残念ながら捕捉できず領空侵犯された」と率直に述べた。

戦闘機より「連携体制」の維持

しかし、空自の動きは早かった。即座に三沢のＥ－２Ｃや浜松のＡＷＡＣＳを那覇に展開させ警戒監視体制を強化しつつ、その2年後に同警戒航空隊を立ち上げたのだ。

上空監視は全国28か所のレーダーサイトが担うが、いわば「空飛ぶレーダーサイト」の警戒航空隊が補完する意義は大きい。また、北朝鮮がこれだけ頻繁にミサイルを発射している状況下では、レーダーサイトも繁忙を極めているのではないか。国防上、航空優勢を維持することは重要で、その際、保有する戦闘機の性能ばかりが語られる。

しかし、それよりも大事なのはこの連携体制が常に維持されていることであり、さらにいえば隊員の士気が高いことだ。雨の日も風の日も滑走路に小石一つ落ちていない状態を保っている隊員たちの努力があってこそなのである。

あえて触れる必要もないかもしれないが、第9航空団が新設された2月の『琉球新報』には「戦闘機数が倍増したことで、民間航空機と自衛隊機が混在する那覇空港の民間機の離着陸や騒音増大などの影響が懸念される」とあった。

自衛隊や米軍基地を持つ自治体などは文句をいわないと補助金が落ちない構図からか苦言・苦情は既定路線だが、むしろ那覇基地が民間空港と共用で、第二滑走路を増設するとはいえ観光客を乗せた民航機で輻輳する空港をスクランブルする図式の方が問題ではないか。

また、F‐15が尖閣諸島に急行しても那覇からは時間がかかる。3千メートルの滑走路を持つ下地島が使用できればずいぶん違うが、'71年に日本政府と当時の屋良朝苗琉球政府行政主席との間に交わされた「屋良覚書」によっていわゆる軍事利用はできないと整理されている。

空自といえば「F‐35（ステルス戦闘機）はどうなっているの？」とよく聞かれるが、実際にわが国で戦力として投入されるのは'19年以降になるようだ。ただ、誤解されているのは、製造の多くを日本ができるという話だ。確かに最終組み立てを三菱重工小牧南工場で行うが、日本人が立ち入り禁止のエリアもあり「場所を提供しているだけ」という人もいる。とにかく、これまで積み上げてきた日本の航空機製造技術が活かされているわけではない。

装備購入が優先される傾向に

ロッキード・マーチン社の技術者は1人約1億円の人件費がかかるともいわれる。10人も常駐すればそのコストはいかばかりか。おまけに空自は無人偵察機グローバルホークも導入、さらに東京五輪に向けPAC3によるミサイルディフェンスにも多大な経費を積むことが考えられ、そうなるとやはりあおりを食うのは後方経費となろう。

どうも昨今は、後で維持整備にお金が回らなくなることは承知の上で、先ず正面の装備購入を進めてしまおうという傾向があるように見える。航空機が動かなくなってしまったら大変なので別途予算が付くという前提だろうか。しかし、これは決して健全ではないことはいうまでもない。そういえば、防衛費は「人を殺す予算」といわれているようだが、これが実態だ。

ところで空自機のスクランブルの増加を受けて「領空侵犯が増えている」と表現されることがあるようだが、これは誤りである。空自は「領空侵犯を防ぐ」ために鋭い目を光らせ対領空侵犯措置をしているのであり、これは海における「領海侵入」とは違う概念だ（領海内でも無害通航権があるため）。国会議員でも誤認をしている場合があるようだ。先般、中国機が事実上の攻撃動作を仕掛けたとする元空将による投稿記事を巡り、政府がこれを否定するという事案があったが、細部の事実はどうあれ、かなり緊迫した状況が生じていることは間違いない。

それを隠したのか、いい方を遠慮したのかはわからないが、むしろ「領空侵犯」についての錯誤に似た「認識の温度差」を露呈して中国側を安心させてしまっていないか、それが気になっている。

しつこいようだが、日本の防空は隊員の「士気」に依って立っている。他国への配慮より自国の自衛官への気配りをお願いしたい。

（2016年8月号）

海上自衛隊「掃海部隊」の知られざる実態

憲法は日本を守っているというが隠された活動の裏側にこそ日本の繁栄があった

終戦直前に1万個以上の機雷

海上自衛隊の中でも、機雷の掃海部隊には独特の雰囲気がある。かつて「海の掃除屋です」と自己紹介されて驚いたことがあるが、世の中には人の嫌がる仕事をやってくれている人たちがいて、決して目立つことなく花形ではなくても、その上に私たちの暮らしが成り立っていることがある。海に撒かれた機雷を「掃除」する掃海部隊はそんな存在だ。

先の大戦が終わり、日本人は非常に貧しい暮らしを余儀なくされた。その理由について私たちは漠然と「戦争に負けたから」だと考えているのではないだろうか。しかし実際そこには目に見える原因があった。終戦直前、米軍は日本近海に多くの機雷を投下し、関門海峡や広島湾を中心に米軍が敷設した機雷は約1万1千300個といわれている。それ以外に日本が自国防護のために投入したものも含め、無数の機雷が日本の海運を封鎖したのだ。

これらの機雷を無力化し港を安全な状態にしなければ戦後日本の復興は始まらなかった。

その作業を行ったのは海軍出身者であった。「航路啓開」といって、海面に100メートル毎に引いたライン上を150回走って2分毎に位置を確認するという気の遠くなるような方法で、小さな木造漁船などに乗り込み、触雷すれば木端微塵という危険極まりない仕事であった。もはや戦争が終わったというのに命懸けでこのような仕事を行った人たちがいたのだ。

「あと1年続けば国民の1割にあたる700万人が餓死しただろう」

そんな試算がなされた米軍の機雷敷設作戦は「対日飢餓作戦」と呼ばれた。わが国の輸送ルートは完全に途絶され、燃料もなく食糧もなく、艦船も動かず飛行機も飛ばず、日本は戦争に敗れた。日本人の多くは、その後の広島と長崎への原爆投下が終戦の理由と思われている傾向があるが、実際は機雷によって輸送路を閉ざされた時点で日本はすでに負けていた。「原爆投下は日本人に海上封鎖の恐ろしさを忘れさせるためだった」という指摘すらある。

とにかく当時の日本では、港が使えるようにならなければ復興は始まらず、1日でも早く「安全宣言」を出さなければならないという焦りがあった。そのため航路啓開は休日もなくひたすら続けられた。このことは米国による機雷敷設が国際法違反の誹りを免れないため、東京裁判でわが国の「戦犯」たちが裁かれている当時は明るみにできるはずがなく、秘匿されてきた（ただし米軍もともにこの作業を行っており、殉職者も出ている）。

秘匿されてきた78人の殉職者

さらに、わが国の掃海部隊は朝鮮戦争時にも活躍している。朝鮮戦争が勃発し、日本の掃海部隊は米国の要請により朝鮮近海で作業を実施した。その際に1人が殉職したが、この事実が、サンフランシスコ講和条約を有利に進めたといわれる。

この朝鮮特別掃海と航路啓開を合わせ、掃海部隊78人が殉職していることは、戦後長きにわたり秘匿されていた。しかし、彼らが新生日本の人柱となったといっても過言ではない。このことが国民に事実として知らされなかったために、日本人はいつの間にか大した苦労もせずに国が復興し、占領から解放されたと認識してしまったのではないか。これが戦後最大の失敗だったと私は思う。

朝鮮戦争の頃は、掃海部隊は海上保安庁所属となっていたが、海保は「非軍事組織」ということで特別掃海隊は憲法違反の疑いを拭えなかった。それゆえ公にできなかったのだ。早い話、いまの日本が在るのは「憲法違反」の行為によるものといってもいい。翻って考えれば、憲法を律儀に守れば国の存立が危ぶまれることもあるということだ。

安保法制の議論では、「憲法違反か否か」がしきりに問われ、違憲派はこれを「戦争法案」であるとして世間の一部では拒絶反応を起こしている。だが、「違憲かどうか」よりも「国を守れるかどうか」という観点でよく考えてほしいものだ。

機雷は「そこに撒いた」と宣言するだけで船が通れなくなってしまう、とても安上がりな兵器である。安保法制の議論では「停戦前か否か」が問われているが、戦争が終わったとしても機雷は除去されない限りそこに残るものであり、機雷に終戦はない。

また、掃海活動は中東など遠くの海ではなく日本近海にとどめるべきともいわれるが、ホルムズ海峡などはわが国のシーレーンであり、日本は原油の99・6㌫を輸入に頼り、そのうちの86・6㌫が中東から運ばれてくる現実が厳然としてある点は、どう考えるのか。

従来わが国での解釈は、停戦後の遺棄機雷であれば掃海でき、憲法9条が禁じる「武力の行使」に当たらないとしてきたが、こうした議論は国会におけるケンカの材料のように思えてならない。そもそも機雷の掃海が武力の行使かどうかや、停戦後かその前かといったことはそんなに大事な要素なのだろうか?!

ペルシャ湾派遣で世界が評価

機雷は「そこにあるかもしれない」だけでタンカーは通れなくなり、停戦も終戦も知らず、そこに居続けるのである。また、戦争状態に入っていなくても機雷敷設は考えられる。つまり、始まっていない戦争に停戦はないということだ。

戦後長きにわたり秘匿された掃海殉職者の存在だけでなく、十分な準備もできないまま、小さな木造掃海艇に乗って遠路ペルシャ湾に赴いた海自掃海部隊の事例でもわかるように、国会や世論をやり過ごすために犠牲になるのは常に現場なのだ。そろそろ任務の「安全性」ではなく「必要性」こそが語られるべきである。

わが国では戦後の航路啓開、朝鮮戦争時の掃海、ペルシャ湾派遣という実績を残し、そのことで米国の信頼を得ただけでなく、国際社会での評価にも繋がることになった。しかし、これらが自国にもたらした功績については国民に殆ど知られていない。機雷掃海のわが国における重要性を語るには、その歴史を改めて包み隠さず啓蒙すべきではないか。

また、機雷掃海中に国連安保理決議が出て集団安全保障措置に移行した場合はどうなるのかという問題もある。海自は活動をやめるのかということになるが、政府の「安全保障の法的基盤の再構築に関する懇談会」は報告書で、自衛隊が国連の集団安全保障措置に参加することに憲法上の制約はないと指摘した。掃海部隊がこれまでに苦労して多国間の信頼を獲得したものを、一瞬にして無にしてしまうことを案じてしまう。

日本人は隠された功績の恩恵を受けてきた。憲法は日本を守っていると堂々と表舞台を歩くが、掃海部隊の活動はいつも隠される。白熱する安保法制を契機に多くの日本国民に「日本を守り、助けてきたのは憲法だけではない」ということ、また、日本の繁栄の陰で歴史に埋もれた血と汗と涙の存在を知ってほしい。

（2015年8月号）

「防衛装備庁」新設 ― 主役は部隊&隊員だ

これまで陸海空自衛隊で重複していた構成品を共通化することで画期的な体制へ

調達の効率化で7千億円確保

「防衛装備庁」が、いよいよ誕生する。

政府が、装備庁創設を盛り込んだ防衛省設置法改正案を国会に提出した。**スムーズに運べば'15年10月に約1千800人の体制で発足することになる。**

「装備庁がどうなるのか心配だ」そんな声がよく聞かれるが、一体、どのような組織になるのだろうか。

まず、現在、防衛省で実施されている装備品の開発・購入などは、技術研究本部や内部部局、装備施設本部、陸海空自衛隊それぞれが担当しているが、装備庁が出来ればこれらを統合することになる。これにより、統合運用といいながらも陸海空で同じものを調達しているのに規格が異なるといった非効率性の解消を目指す。

また、研究開発・維持・整備などライフサイクル全般を一貫して管理する目的もある。厳しい財政事情の中、少しでもムダ遣いを減らし、税金を有効利用することは必要な取り組みだ。そして5年間の計画である中期防衛力整備計画（中期防）では、装備調達の効率化により7千億円の財源を確保するとされていることから、こうした取り組みは不可避といえそうだ。

ただ、私が気になるのは装備庁がどこに目を向けて業務を行うのかということだ。税金を使って装備品を調達するのだから国民に理解してもらわなくてはならないという意識が先に立ち、「主役」がなおざりになってはいないか、そこは陸海空自衛隊としても強く働きかけてもらいたいところだ。この「主役」とは運用者である部隊・隊員にほかならない。

市ヶ谷の防衛省では見え難いが、各地の自衛隊部隊を訪れると、全く想像していなかったことで悩んだり不満を持っていたりする場合が多々ある。「なぜ○○という装備を入れてくれないのか」「なぜ粗悪なものを使わなくてはならないのか」……等々、行政が頭を痛めていることとはまた違う、行ってみないとわからない悩みがそこにはある。

このような温度差を埋め、中央との鎹《かすがい》となっているのが陸海空幕僚監部の装備部であると私は認識していたが、装備庁新設に伴う一元化により、この機能がどう変わるのかが最も気になるところだ。

また、装備庁の大きなポイントの一つが「統合プロジェクトチーム」(IPT)とそのトップとなる「プロジェクトマネージャー」(PM)の存在である。

防衛省では政府の公共調達適正化の一環として、装備品取得においても総合評価方式の導入拡大、入札手続きの効率化、随意契約の見直しなどに取り組んでいる。さらに装備品取得の効率化策として、プロジェクトマネージャーのもと、組織横断的な統合プロジェクトチームを設置する。そして装備品のライフサイクルを通じて、コスト・パフォーマンス・スケジュールに関するプロジェクト管理を一元的に行うPM/IPT体制の構築を進めているのだ。

US-2の購入はどうなるのか

さらに、これまで陸海空自衛隊で重複していた構成品を共通化・ファミリー化することや、集中調達や一括調達、装備品のパフォーマンスの達成に対して対価を支払う成果保証契約(PBL)の導入にも取り組もうとしている。これらは統合運用の観点からも時代に即しているものであるが、装備品のメーカーがコロコロと変わったり、方針が定まらないといったことが、現場を最も困惑させることにも留意してもらいたい。

これは競争入札制度による「安かろう悪かろう」の風潮にも起因すると思われる。だが、中央で良かれと考えたことが案外、現場では迷惑になる場合もなきにしもあらずなのだ。

一方、**装備庁には戦略的な役割も期待されている。つい最近まで日本は事実上の武器禁輸政策をとっていたため必要なかったが、装備移転に舵を切ったことにより「輸出の窓口」としての機能が求められているのだ。**

今回の防衛省設置法改正案には第4条「防衛省は次に掲げる事務をつかさどる」に「所掌事務に係る国際協力に関すること」が加えられた。これは文部科学省や厚生労働省、ほかの省でもすでに同様に記載されているもので、今回の追加は当然のことだろう。今後、日本が海外で対応する能力構築支援（キャパシティビルディング）や、それに伴う形で防衛装備技術協力を進めるにあたり、その所掌を明確にしておくことは最低限必要だ。

'15年2月末、インド国防省は海上自衛隊の救難飛行艇US‐2の購入を決定したという記事が出た。だが、実は日本国内では輸出が決まっても「誰がインドに持っていくのか」「運用するインド海軍に対する教育・訓練はできるのか」など、誰も判断できない問題が数多くある。全ては法的枠組みがないためであり、この日本側の事情をクリアにしなければ、話は進まないのだ。これらを、国土交通省や経済産業省、外務省といった関係省庁の縦割りではなく、一元的に解決していくためにも、所掌の明確化は第一歩だ。

外国の下請け化を防ぐ「守り」

ただし、装備庁が唐突に、これら省庁の仕事を全面的に肩代わりすることができるはずはない。むしろ他省庁と連携を強化する仕組みを構築することが重要になるだろう。それだけなく、何らかの形で商社など、民間のノウハウや人脈を活用する発想があってもいいかもしれない。

装備移転が緩和されるというと、読んで字の如く規制が緩くなると捉えられそうだが、これは全く逆だ。実際には今後、さらなる厳格な技術管理規則を設ける必要がある。米国ではITARという武器管理制度があり、輸出した武器のその後について頻繁に輸出先に出向いて管理し、自国技術が流用されていないかなど目を光らせているのである。

一方、現時点でわが国では武器輸出を解禁すれば、国内の優れた技術が戦略的ツールになると思い込んでいるが、気づいたら諸外国の下請けになっていた、などということも大いにありうるのだ。まさに守るも攻めるも装備庁の務めである。テロ対策で世界各国の防衛駐在官の増員が議論に上ったが、この装備品輸出の分野でも、今後はニーズが高まるだろう。

さらに今回のコンセプトの中には「防衛産業・技術基盤」の維持・強化が入ったことは画期的だ。ただ、いまだに「企業を守るため」などという誤解もされがちだ。輸出に乗り出すといっても自国に技術がなければ「お呼びじゃない」のだから、この施策が必要不可欠であることをもっと主張してもいいのではないか。

未知の領域に乗り出す装備庁であるが、これらの多様な役割をこなす人材はこれから育成することになる。装備庁を成功させるためには、人材育成部門にも相応の投資をしなければならないことになるだろう。

自衛隊部隊の細かい現状にも目を配り、そして外交・安全保障政策に直結する装備移転戦略と、装備庁の示す「装備」とは非常に奥が深い。

（2015年4月号）

海上自衛隊救難飛行艇ＵＳ‐２知られざる威力

日本の高い技術を結集させたこの飛行艇にインドをはじめ40か国以上が注目する

荒波の中でも海面を航行する

ヨットで遭難した辛坊治郎キャスターたちを救出したことで、海上自衛隊の救難飛行艇ＵＳ‐２が注目されている。

同機を語るならば、まず時代をぐんと遡る必要がある。かつて帝国海軍の飛行艇として活躍した「二式大艇」を製造した川西航空機が、現在は新明和工業としてその技術を同機に繋いでいるのだ（二式大艇は現在、海自鹿屋基地に展示されている）。

当時、米軍が二式大艇を鹵獲《ろかく》した際、同機の性能を目の当たりにし、改めて日本の技術力に驚愕したといわれるが、今なお同社が造り出す飛行艇技術は他国の追随を許さない。

わが国の飛行艇の歴史は、この二式大艇から戦後の空白を経て、哨戒飛行艇ＰＳ‐１、次に救難飛行艇ＵＳ‐１、ＵＳ‐１Ａと続き、これらの技術がＵＳ‐２に集約されているのである。ＵＳ‐２ではグラスコックピット（液晶表示）によるフライ・バイ・ワイヤー（コンピュータ制御）導入などさらなる能力向上がなされており、その実力は世界に比して群を抜いて高い。

航続距離は４千500キロメートル、巡航速度は時速480キロメートルであるが、超低速での飛行も可能だ。それはまるで空中で止まっているようだという。これは、世界で唯一、動力式高揚力装置である境界層制御（ＢＬＣ）装置を実用化したことによるもので、狭い場所で降りられるのも大きな特徴である。

また、これにより波高３メートルでも運用が可能となっている。木の葉のように揺られる荒波の中でも、エンジンを止めることなく海面を航行することができるのだ。このような水陸両用の航空機は、他にもカナダ（ボンバルディア社）とロシア（ベリエフ社）が製造しているが、それぞれ対応できる波高は１メートル強。また航続距離は、カナダ機が約２千400キロメートル、ロシア機は約３千300キロメートルとその実力の差は大きい。

さらにＵＳ‐２は、独自の薄型波消し装置などの効果で、着水時の飛沫や水流による機体構造やエンジンやプロペラへの損傷を防ぐことができるのである。

このオンリーワンかつナンバーワンの日本の飛行艇を、導入したいという声が様々な国

からあがっている。少なくとも40か国以上の引き合い・照会があるという。民主党政権下で北澤俊美防衛大臣が積極姿勢を示したこともあり、輸出に向けた動きがスタートすることになった。

消防艇としても注目されるが

まずはインドへの輸出に向けた取り組みがスタートした。同機は武器を一切搭載していないものの、自衛隊の装備は「武器」とみなされるため輸出はできず、民間転用という形をとる。新明和工業が「飛行艇民転推進室」を設置し、川崎重工業や島津製作所からの出向要員とともに、民間企業の「オールジャパン」体制で臨むことになった。インドのデリー事務所も設立された。

しかし、面倒なプロセスが数多くある。防衛省や経済産業省をはじめとする関係省庁への諸手続きに相当な労力やコストを要するのだ。まずは防衛省・自衛隊には、運用・教育・整備・補給・技術データ等の開示を求めなくては始まらない。それらの作業だけでも相当な時間がかかるという。また、飛行試験はどこで誰が実施するのか、運用教育はどうするのか、など様々な法律や規制などを考慮し、頭を悩ませながら進めねばならない。

今、アジア太平洋地域の海洋における安全航行の確保は喫緊の課題だ。同海域の秩序維持のためには、ＡＳＥＡＮ諸国を中心に、インド、豪州などとの多国間での取り組みが不可欠である。この連携が国民の営みの生命線となるわが国としては、海上保安庁と海上自衛隊の連携なども強化することはもちろん、装備品やノウハウを周辺国に提供することで存在感を高めたいところだ。そこで、ニーズの多いＵＳ－２などは、国が購入した上でＯＤＡ的な無償供与をするなどの検討をされてしかるべきではないだろうか。

いずれにせよ、この輸出プロジェクトは民間企業だけでは負担が大き過ぎる。国の介在を期待したい。いまＵＳ－２は、救難飛行艇としての注目度が高いが、他にも色々な可能性を秘めている。

その一つが「消防艇」だ。床下のタンクに水を入れるようにすれば消防艇になる。そうなれば、約30秒の水上滑走後、消火用水をタンクに取り入れ、速やかに離水し数か所の放水ドアから広範囲への放水が可能となる。

搭載水量は、消防用の一般的なヘリが約２千700リットルといわれ、航空自衛隊のＣＨ－47ＪＡが約７千500リットル、これらに比べてＵＳ－２は１万５千リットルだ。地球温暖化の影響なのか、いま世界的に森林火災が増加傾向にあり、大量の水を汲み上げて素早い消火活動ができる消防飛行艇のニーズも増えている。それゆえ、消防艇としての輸出を望む国も少なくない。飛行能力はASEAN全域をカバーできるから、日本からアジア諸国の災害救援に出ることも可能だ。

しかし、いまのところ海自の現在の人員と7機体制のままでは、とても無理だ。またこの機能付与により航続距離が半減するなどの要因からも、その機能が発揮される予定はない。

海自隊員の訓練があってこそ

だが、ヘリよりも遠くに、より速く到達できるUS‐2が消火に駆け付けられたら被害を小さくできたのではないかというケースは多々ある。今後、国内の災害への備えという観点では、消防機関や自治体などが取り入れることも一案だろう（但し、1機100億円以上に加え諸々の経費負担が可能ならば、であるが）。

ただ、輸出にしても消防への活用にしても、持てば誰でもすぐに使えるわけではない。今回の救出劇を見ても分かるように、海自隊員の高い練度、それを裏付ける訓練があってこそなのだ。つまり、物があってもそれを整備し運用する能力、困難な状況でも救難を成し遂げる強い意志まではついてこない。その肝心な部分をいかに付与するのかが、大きな課題だ。今後の教育や維持基盤の構築などを考えれば、民間企業任せではなく、やはり国家プロジェクトとしなければならない。

さらにUS‐2の潜在能力をいえば、現在、盛んに自衛隊の水陸両用能力の必要性が叫ばれているが、同機はまさにその機能を持ち合わせているということだ。例えば、石垣島から尖閣諸島までは約20分あれば到達できる。那覇に配備すれば、島嶼の安全や安心に役立つかもしれないだろう。

しかし、前述したように、数々の可能性を実現できないのは、自衛隊には余力が全くないからだ。長年、防衛予算の縮小と人員削減を続けることは、このように可能性の広がりを許さないという影響を及ぼすのである。**一連のUS‐2に関するニュースから、私たちはそんな現実を読み取る必要がある。**

（2013年8月号）

海自&海保の「連携強化」は安易ではない

海自は「軍隊」であり海保は「警察」だという認識から協力体制を進めるべきだ

船のエンジンも燃料も異なる

海上自衛隊を退役予定の護衛艦を、海上保安庁の巡視船に転用する検討が進められているという。

候補とされているのは「はつゆき」型護衛艦など4隻だ。安倍晋三首相が政権交代前に、退役自衛艦を海保に移籍させてはどうかと提案したことがきっかけとなった。

連日のようにわが国の主権を脅かす中国船に対処するため、海上保安庁の巡視船増強は喫緊の課題だ。しかし、新造船を建造するとなれば、約3年はかかるため、こうしたアイディアが持ち上がったと思われる。

それに、これだけ日本の海が脅かされることになれば、海自と海保の連携強化についても期待感が高まっているようだ。しかし、こうした両者の協力関係は実際のところ実現できるのだろうか?

まず、船という観点から検証する。ザックリと海保と海自の船の運用上の違いをあげると、海保の巡視船は基本的に船舶安全法に基づいた商船規格であり、エンジンはディーゼル、燃料はA重油を使用している。

一方、海自の艦艇は船舶安全法の適用除外、防衛省の設計基準により建造されている「軍艦」であり、耐火・耐浸水性能(ダメージコントロール)重視、即ち艦が破壊されても自分たちで修復し「戦い続ける」想定の構造だ。エンジンはガスタービンで燃料は軽油である。

つまり、基本的な設計・運用思想が全く違う。そのため、海保の隊員が護衛艦を譲り受けても、訓練期間が必要であるが、今現在、総力戦で任務についている海保にとって、そんな余力はないであろう。また、海自も人員に全く余裕はなく、技術供与のための乗員を海保に派遣させるとなれば、海自の任務に支障が出る可能性がある。

負担という点からすれば、燃料の違いも大きい。海自は軽油を使っているが海保はA重油、海保にとって燃料経費が膨れ上がることになり、燃料価格や消費効率を加味すれば大体4~8倍かかると考えられる。

維持費用もさることながら、改修にかかるコストも莫大となるだろう。武器を搭載した護衛艦を、いわば「居抜き」で譲渡するわけにはいかないため、ミサイルや魚雷などを機関砲などに転装する必要がある。当然、塗装も塗り替える。その予算はどうするのか、低予算・人手不足に苦しみ続けてきた双方にとって到底、捻出できない規模だ。

退役自衛官の活用も一案だが

自動車と同じように、保有すれば燃料費だけでなく定期検査も必要だ。海保の巡視船は大きな問題がなければ、おそらく1億円くらいであろうが、海自の1千トンクラスの護衛艦となれば40～50億円はかかるだろう。

仮に、最初だけ海保に護衛艦転用に係る予算が手当てされても、その後、維持経費はかかり続けるため、海保は護衛艦の維持だけでパンクしてしまうことになる。それを見越せば「貰わないほうがいい」ということになる。

改修費用も数十億は下らないと思われ、期間としても教育・訓練など含め急ピッチで着手しても1年～2年はかかると考えた方がいいだろう。巡視船約40億～80億円を3年で造っている海保にとってみれば、少し待って新しい船を造ったほうが、かえって諸々の面で負担が少ないことになるだろう。ちなみに、改修し延命措置をした護衛艦の寿命は10年ほどだが、新造巡視船は30年は使用可能と推測される。

そもそも、これを譲り受けた場合、「乗員はどうするの？」という素朴な疑問が浮上する。海保の巡視船が40〜50人で運用されるのに対し、護衛艦は100〜200人は必要だ。長期航海がなく、武器がほとんどないことからも同じほどは必要ないとしても、人員不足は明らかだ。

いろいろと述べてきたが、決してこの施策に文句をいいたいわけではない。**私が最も懸念するのは、多くの日本人が「軍」と「警察」の区別がついていないように感じられることだ。**今回の検討を受け、私が実際に耳にした現場のリアルな声は、「軍艦を舐められたら困る」（海自側）、「自衛隊のお古で命を賭けろとは腹立たしい」（海保側）といったものだった。

軍にせよ警察機関にせよ、何より大事なのは「士気」である。もし、この試みが二つの組織のモチベーションを下げるようなことになるのなら、再考が必要である。

海保には新造船の建造費プラス人員の増強を約束したほうが士気が高まり、3年ほどは苦しい状況であっても「国はちゃんと分かってくれている」という気持ちで任務に当たれるのではないだろうか。
もし、予算面などの問題がクリアされ、今回の取り組みを進めるのであれば、すでにリタイアした海自OBの力を借りるのは一案としてあっていい。50歳代半ばで気力・体力ともに充実した海の精鋭たちだが、昨今、再就職が厳しく、退官後、警備員や高速道路の料金所などで働いているという。国税で育成された人材だ。豊富な経験を最大限活かしてもらうことができれば望ましい。

防衛&治安出動の整合性とれ

ただし、これはあくまで「ノウハウの提供」という範囲内になるのが現実的だろう。いくら退役自衛官でもいきなり警察官にはなれない。自衛隊OBに対する処遇改善、活用についてはぜひ前向きな検討を求めたいが、そのまま海保で勤務するという形は、お互いの心中も穏やかならぬものがあるだろう。

海自と海保の連携や協力体制強化については、今後ますます必要性が高まることが予想される。しかし、それにあたり最も大事なことは、結局それぞれがそれぞれの実力を十分に発揮することであり、そのためには防衛省全体の予算（海自だけではない）**と、海保に**

ついても同様に拡充することが必須だということだ。海保と海自は元々、役割が違うのであり、まずは各自の任務を果たすこと、政府はその環境を整えることが第一義ではないだろうか。

ただ、かねてより指摘されている有事における法制度面での瑕疵については、早いうちに整理しておくべきであろう。自衛隊法第80条によれば、防衛出動や治安出動下においては「特別の必要があると認めるときは、海上保安庁の全部又は一部をその統制下に入れることができる」としているが、海上保安庁法第25条には「この法律のいかなる規定も海上保安庁又はその職員が軍隊として組織され、訓練され、又は軍隊の機能を営むことを認めるものとこれを解釈してはならない」とある。

海自は何かあれば海保を統制するとしているのに、海保は「軍事組織ではない」と決めているため、それは想定していないという大きな矛盾点だ。有事における自衛隊の武器使用、集団的自衛権の問題とともに、この点を整理することが喫緊の課題といえるだろう。

（２０１３年5月号）

第3章

自衛官24万人の覚悟を問う

自衛隊―「大震災支援作戦」に終わりなし

菅元首相は簡単に「10万人体制！」といったが舞台裏では汗と涙の活動があった

まさに「史上最大の作戦」だ！

その日は久々の休暇だった。馴染みの理髪店で散髪をしていた陸上自衛隊のある将官は、地面が大きく揺れるのを感じた。

「地震……」

店主がハサミを止めていうが早いか、将官は「すみません！行かなくては」といって立ち上がり数分後には職務に就いた。半分カットされた頭髪のまま指揮をとることになった。

阪神・淡路大震災のとき、自衛隊側の準備は整っていたにもかかわらず、県知事からの災害派遣要請が遅かったことで多くの犠牲者を出してしまった苦い経験から、防衛省では震度5弱以上の地震が発生した場合、自主派遣を可能とするルールを定めていた。そのため、各地の陸海空自衛隊が、この瞬間から出動もしくは待機の態勢に入ったのだ。

市ヶ谷の防衛省でも、発災直後から自衛官は全員が戦闘服になり、19階建ての庁舎の階段を駆け上がる姿が見受けられた。それは、在日米軍基地においても同様であった。

やがて、菅首相（当時）によって自衛隊10万人体制が打ち出され、これに約1万6千人の米軍兵力が加わり、まさに「史上最大の作戦」が繰り広げられることになった。

政府は政治主導でこの未曽有の事態に対応しようとしたと見えるが、掛け声一つで上手くいけば苦労はない。良くも悪くも縦割り社会の日本においては少なからぬ混乱があった。

なかには、救援に駆けつけた米軍などに対し、驚くべき失礼な対応もあった。発災から2日後、米軍から防衛省に対し、空母『ロナルド・レーガン』によって携帯糧食などの支援物資を提供したいとの申し出があったが、**外務省は「それはACSA**（日米物品役務相互提供協定）**の枠内か」と横槍を入れてきたという。**

また、農水省も「提供される食品は検疫を通しているのか」といってきたという。この緊急時に信じ難いと思うが、よく考えてみると、政府から「緊急時」のお墨付きとそれに見合った行動の指針がなければ、各組織が平時と同様の仕事をするのは致し方ないのである。

さらに、強襲揚陸艦『エセックス』は、太平洋側での寄港は困難と見て、わざわざ日本海側に回頭したものの、入港しようとした自治体が当初、判断できず、かなりの時間をロスしたなど日本側の不手際は伝わってくるものだけでも数多い。

しかし、そんな状況でも米側が寛容に対処したのは、長年にわたり陸海空自衛隊が築いてきたミリタリー同士の信頼関係があったからだ。

中特防は被曝覚悟で放水作業

このように日米両軍の絆を発揮しながら、**自衛隊は人員約10万6千人**（陸災部隊約7万人、海災部隊約1万4千人、空災部隊約2万1千人、原子力災部隊約450人）**に加え、航空機495機、艦艇53隻による全力で災害対処にあたり、2万人近い人命を救い、9千500体におよぶ遺体の収容をした。**

この他、温かい食事を提供する給食支援や入浴支援などが、被災者を励まし癒やすことになった。結果として、これまで、いわば日陰者だった自衛隊の存在が、一気に大きくなり、テレビのワイドショーなどでも「自衛隊がいてよかった」といった特集が組まれるほどになったのである。

実際、今回の活動は自衛隊にとって多くの試練があった。遺体を見ることは初めてという隊員が多い中、損傷の激しい遺体を背負って運ぶ。母親が坊やを負ぶったままの遺体もある。子どもの手が母の首からなかなか離れず、隊員たちが涙を禁じ得ない場面もあったという。

彼らの精神的な後遺症を心配する声も出たが、ある自衛官は「最初はご遺体を発見することが辛かった。しかし、段々と見つけられないことの方が辛くなったんです」と語っており、心の傷はショッキングなできごとよりも、任務を十分果たせないということの方が大きくなっていることが分かった。

プレッシャーは、現場の隊員だけではない。

物資の補給という兵站任務を担う隊員たちも、これまで経験のない現場からのニーズに苦心しながら奔走した。ゴム手袋、胴付き長靴、線香…、それらを早急に手に入れ、現場に送るのは至難の業であったが、日頃から自衛隊と付き合いのある企業も一体となり、徹夜作業で現場に届けたのである。

福島第一原発でも、壮絶なドラマがあった。

そもそも今回、最初に投入された陸自中央特殊武器防護隊（中特防）は、化学科職種のトップレベルではあるが、原発対処は任務の内ではない。日本にミサイルが撃たれたなどの際、現場に赴き核兵器かどうかを確認することのできる日本唯一の部隊であり、今回のような放水作業は与えられた任務ではないのだ。

それなのに、**「まずは自衛隊だろう」と白羽の矢が立ち、次に警察、消防と場当たり的な放水作業を余儀なくさせられ、いつの間にか「自衛隊が中心になって」やらねばならなくなった。**そんな状態での、まして被曝覚悟の作戦にもかかわらず、先頭に立ったのは中特防の隊長だった。そしてこのことは、隊員たちの士気を大いに高めることになった。

「災害派遣」でなく「防衛出動」

福島第一原発では、3月14日に3号機で放水作業中に水素爆発が起き、中特防隊長も含む4人のけが人を出したが、その後も「隊長が先に突っ込んだんだから俺たちも！」と、熱い思いは衰えなかったという。

こうしたシーンを知り、いま、日本人の多くが自衛隊に対し、感謝の思いを持つようになった。

しかし、その感謝が災害派遣だけに向けられ、「自衛隊は災害派遣部隊でいい」などといった論調も聞かれる。これでは自衛隊に対する「誤解が広がった」ことになってしまい、急ぎ軌道修正しなくてはならない。

いうまでもなく自衛隊は国防のために存在し、日本の主権と独立を守っている。今回、厳しい環境下での災害派遣活動を長期間にわたり続けられたのも厳しい訓練をしてきた成果だった。その訓練とは災害派遣のためのものではない、究極的には防衛出動である。武器・弾薬を携行し、国土は占領され、仲間が死ぬかもしれないという最悪状況を想定して組織を作っているからこそクリアできるということを、いまこそ国民は認識しなければならないのだ。

この派遣期間中も、他の災害派遣や警戒・監視活動は続き、ロシアや中国による異常接近に従来以上に対処している。「10万人体制」で災害にあたったことを考えると、約24万人の自衛官では単純にいえば2交代で任務に就くことになり、通常の軍隊ではあり得ない。自衛隊の人員不足は慢性化しており、その中でかなりムリをして任務にあたったことを政治は厳に認識すべきであろう。

自衛隊に「ありがとう」というだけでなく、自衛隊があるべき姿になるよう努めることが急務なのだ。

（2011年12月号）

領空侵犯機撃墜は「殺人罪」になるのか⁈

自衛隊法84条に武器使用権限なし―自衛官の自己犠牲に頼るだけの現実を見よ

24時間365日戦闘機が待機する

日本周辺での中国軍の動きがエスカレートしている。対馬海峡や津軽海峡を艦艇や航空機が通過し、'16年末には空母「遼寧」が沖縄県の宮古海峡を太平洋に向けて通過した。こうした事案が起こる度に防衛省などが「意図を分析している」と報じられるが、もはやいちいち分析する必要はないだろう。

米オバマ政権からトランプ新政権への移行期ということや、トランプ大統領の台湾に対する姿勢への牽制など色々な要素があったとしても、中国が「サラミ・スライス」または「クリーピング・エクスパンション」といわれる戦法で侵攻を進めている事実はすでに明らかになっており、全てはその一環だ。そんな分析よりも、やるべきことはもっとある。

その話をする前に今一度、言葉の確認をしておきたい。繰り返し述べてきたが、「領海」と「領空」では国際法上のルールが違うのだが、あまり一般的に浸透していないようである。領海を他国の艦船がただ通過するだけならば「無害通航権」があるため問題はない。一方で領空は絶対的なもので入れば不法行為である。

だからこれは一歩たりとも許されないものだ。また、「スクランブル」の数が増えていることをして「領空侵犯が増加」といった、うっかりしたいい方をする場合があるが、スクランブルは「対領空侵犯措置」であり、領空侵犯を未然に防ぐものだ。

日本の航空自衛隊は24時間365日、戦闘機が5分待機し、レーダーが目を光らせているため、このスクランブル能力、即ち「自国に入れさせないための素早い対処」が世界一といっていい。翻れば、領空侵犯されると非常に困るということなのだ。

しかし、現状の中国の動きからは日本の領土・領空に歩を進めてくることは非現実的な話ではない。そこで今回の本題「領空侵犯されたらどうするのか」について考えたい。一昨年の本誌に次のように書いた。

「もし領空侵犯された場合はどうするのか？　その場合の規定は明らかになっていないものの、武器の使用も含め相応の対処が考えられる」

当時、非常に分かりにくい表現だと思いながらも、こう記すしかなかった。正直いって書くのを憚れた。しかし、ここにきて何も改善されていないことや、戦闘機パイロットだった織田邦男・元空将を筆頭に航空自衛隊ＯＢの方々が表立って声を上げていることからも、今回は詳しく明らかにしたい。

侵犯機の攻撃で初めて反撃へ

実は、**「領空侵犯に対する措置」について定める自衛隊法84条には武器の使用に関する権限規定がない。領空侵犯機が攻撃を受けて初めて正当防衛で反撃することができる。これは自衛官でなくても、自己を守るため誰もが持つ自然な権利である。**攻撃を受けた僚機を守るための反撃も可と整理できているが、いずれも攻撃を受けてからだ。

では、何ができるか。着陸・退去を促す、写真を撮影する、どうしても従わなければ信号弾を使用することが可能だが、信号弾は武器ではなくあくまでも「信号」である。だが、それでもいうことを聞かなかったら？　そこが法的にハッキリしないのだ。これには従来二つの見解があった。まずは自衛隊法84条をご覧いただきたい。

「防衛大臣は、外国の航空機が国際法規または航空法その他の法令の規定に違反してわが国の領域の上空に侵入したときは、自衛隊の部隊に対し、これを着陸させ、又はわが国の領域の上空から退去させるため必要な措置を講じさせることができる」「必要な措置」であれば国際慣習法上、武器の使用は制限されないという解釈もある。これは「ネガティブリスト」的な考え方だが、自衛隊法の他の項目が全て「ポジティブリスト」なのに、ここだけをネガリストでいいというのはやはりおかしい。

全てをネガリストにすべきだと思うが、少なくとも現在の自衛隊は「法律に書かれていないことはできない」のが鉄則だ。それゆえ、国際法の常識は「国内法で規定されていないことは何もできない」という解釈に軍配を上げざるを得ない。

この問題は長年、国会でも議論になったが、'60年代後半までは国際法や国際慣例を鑑み「射撃、撃墜もあり得る」と時の政権は答弁していたようだ。しかし、'73年の衆議院内閣委員会における久保卓也防衛局長（当時）の答弁で、自衛隊は正当防衛・緊急避難以外の武器使用はできないと一変してしまう。その後、'80年に佐々淳行氏（当時の参事官）が自衛隊法84条を根拠として武器使用ができると主張し、頼もしい発言だったが、法曹界からの反発が強く定着しなかったという。

このように何度も問題視されてきた対領空侵犯措置の立法不作為は、常に現場の自衛官たちに責任を丸投げしてきたのだ。対ロシア機が主流であった頃は、そこまでの事態はないだろうということで棚上げにしても許されたかもしれないが、今は全く違う安全保障環境になった。中国は本気で尖閣諸島の領有権を奪おうとし、わが国に対し力による支配を目指していることは明らかである。

空自隊員の覚悟と手段を思え

問題の根本は度重なる警告を無視して領空侵犯されれば、空自パイロットは実際には射撃を実施し、撃墜するだろうということだ。そのための装備はしており、実力はある。また、それは独自の判断ではなく、指揮系統に則って行われるだろうし、彼らは訓練もしている。

しかし、**仮に総理大臣が「撃て」と命じそれに従ったとしても、ここには日本の法的根拠がないことには違いないのである。その結果どうなるのか。パイロット個人が殺人罪に問われる可能性があるというのだ。**

領空侵犯機がわが国侵攻の意志を持ち、国民の生命・財産に侵害を加えると明確に分かれば自衛権を発動し防衛出動ということになるが、マッハのスピードで飛んでくる戦闘機は領空に入れば数十秒ほどで国内の上空に達する。その瞬間に危害を加えようとしているのかどうかなどと判断できるはずもない。達する前から射撃の権限を法的に担保することがいかに大事かということだ。

もちろん、やたらと撃墜すべきだといっているわけではない。あくまでも法のサポートである。

この法的欠陥は安保法論議でも放置され現在に至っている。そして気がついたら中国機がすぐそこに迫ってきていた。おそらく空自隊員はどんな手段を使っても国民を守ろうとするだろう。それは刑事罰を覚悟の射撃かもしれないし、あるいは自ら体当たりする、攻撃されるように仕向けるなどの手段になるだろう。

中国機がいまのところギリギリのところで引き返すのは、こうした自衛官たちの気概に恐れを感じるからともいえる。自衛官の自己犠牲の精神に寄りかかり続けることはもはや許されない。

（2017年2月号）

「女性自衛官」を持ち上げすぎるな

女性兵士が出てきた背景は世界各国さまざまだが厳しい現実を踏まえよ

戦闘機パイロットの門戸開放

テーミス'16年2月号『国家公務員「女性幹部」倍増強行は愚策だ』に思わず深く頷いてしまった。**公務員に限らず、いまの「女性の活躍」云々という風潮には辟易しているから**だ。それは安倍政権に対する批判では全くなく、省庁や企業などがまるで流感にかかったかのように女性を活躍させなくてはならないと思い込み、その方策を必死に考えているように見えるからだ。自衛隊においても同じような空気が生まれているようであるが、世情に流されることなく、ぜひ実力主義を貫いてほしい。

先般、海上自衛隊の護衛艦「やまぎり」艦長に防衛大学校の女子1期卒の大谷三穂2佐（当時44歳）**が着任した。約220人を率いることになる。**

大谷2佐は20有余年もの間、この日を目指し、様々な不備不足の中で不断の努力を重ねてきたのだから、いまの「女性の活躍」推進とは無関係だといっていいだろう。いずれにしても今後も雑音に惑わされることなく整斉と任務を遂行し、部下隊員から一目置かれる存在となられることを期待したい。

一方、航空自衛隊は戦闘機パイロットに女性自衛官を起用する方針を決めた。希望者はいるということなので、これから訓練を経て順調にいけば、数年後に日本初の女性戦闘機パイロットが誕生することになる。

これまでも輸送機など他の航空機パイロットには女性もいたが、戦闘機となると身体への負担が大きく、妊娠・出産への影響もあることから開放していなかった。墜落して敵の捕虜になる可能性も考慮されていたとも聞く。しかし、米英など数々の国で門戸を開いていることもあり、検討されてきたようである。

ただ、米軍などでは女性が活躍できるインフラが十分に整っている。子供を産んでも、朝に基地内の託児所に預けて安心して任務に就けるし、価値観も「手料理を作らないと家族が可哀想！」という日本人とは相違がある。また、航空機など導入する場合によく「1機○○億円」といういい方がされるが、それ以外に格納庫を造らなくてはならないとか、△△の機能が足りないから付けるとか、諸々の費用を積み上げると額面上の何倍にもなる。それと同じように、たった1人でも女性が入れば更衣室もトイレも必要となる。

戦闘機パイロットは一人前になるまでに3～5億円かかるというが、プラスしてインフラ整備に莫大な国費を投じて、ある日突然「子どもができたので辞めます」といわれても誰が責められるだろうか。あるいは自分が莫大な税金を投じられてきたことに負い目を感じ、結婚・出産を諦めるケースもあるかもしれない。

「女性の出世」が難しい自衛隊

日本のように自衛隊の総数も女性の割合も（全体の5・6パーセント）少ない場合は、欧米と足並みを揃えようとしても、無理があることを覚悟しておいた方がいい。適切な表現ではないかもしれないが、装備品でいうところの「ライフサイクルコスト」は未知数だ。男性以上の実力を発揮するかもしれないが、その前に辞めてしまうリスクは男性よりも高いのである。

陸上自衛隊は最も女性の活躍が難しいかもしれない。女性が軽視されているということではなく、現に女性隊員たちも男性隊員と同じ訓練をこなし、実力を発揮している。だが、陸自は3自衛隊の中でも人材が多く、男性でものし上がるのは非常に厳しいのだ。戦闘職種については、女性は採用されていないが、こちらも世界の傾向に変化が出てきた。'15年、カーター米国防長官は米軍の全ての戦闘任務を女性兵士にも開放すると発表し、これにより歩兵や戦車乗りの女性誕生の可能性が出てきたのである。'15年8月には女性2人がレンジャー訓練コースを初めて修了したが、女性の戦闘任務が禁止されていたため任官はできなかった。だが、この度の方針転換により正式に女性レンジャー隊員が誕生することになりそうだ。

こうしたことを受け、日本でも「陸自もやったほうがいい」などという空気がいかにも出そうだ。私は戦闘職種については陸自としては適度に検討をしながら、「ブーム」が去るのをじっと待つのが妥当だと思う。他の職種で活躍の場があるのだし、最新装備を購入するために弾薬も買えない状況で、そのような環境整備に差し向ける余裕などあり得ない。中途半端なことをして将来の悲劇を生まないためにも厳しい目が必要だ。

そもそもこのような軍隊における女性進出の発想は、米国最大の女性団体である全米女性機構（National Organization for Women）が女性兵士の活動が後方支援に限られるのは「女性差別」として、戦闘職種の開放を求めた権利拡大の運動から始まっている一面がある。因みに日本のフェミニストはこれに否定的なようだ。イギリスでも今年には女性が戦闘任務に就けるようになる見込みだが、翻ってみれば、米英でもこの分野は長らく閉ざされていたのだ。

1千人中2人のための大投資

他にもオーストラリアは'11年に歩兵や砲兵、特殊部隊などこれまで男性限定だった軍務について門戸を開き、カナダは'89年に潜水艦戦以外のあらゆる戦闘任務を開放し、'00年には潜水艦にも女性が採用されることになった。フランス軍は潜水艦以外の配置が認められている。ドイツでは'01年に女性兵士の戦闘部隊への配属を許可し、イスラエルでは女性にも兵役義務があり、戦闘機にも戦車にも（教官として）乗っている。

潜水艦については、女性が乗っている国は9か国ほどあるようだ。ノルウェーが'85年、米国が'10年、英国が'11年から女性の潜水艦勤務を認めた。他にデンマーク、スウェーデン、オーストラリア、スペイン、ドイツ、カナダも導入している。韓国は'20年完成予定の大型潜水艦から女性が乗れるようになる計画だという。

最近はパキスタンでも女性入隊希望者が増えているといい、同空軍は'09年から女子パイロットを採用し、戦闘機乗りもいる。男性パイロットの多くが処遇のいい民航の機長になるために空軍を辞めているからなのだとか。また、'16年の夏、インドで初の女性戦闘機パイロットが任務に就くという。

各国の事情は様々だ。女性議員や団体からの強い要望に圧されての施策、あるいは人手不足のため女性の力が必要という背景によるもの、また母国の危機に立ち上がる女性たちの志によるところもある。日本の場合は少子化による募集難への対策にもなり得るが、それこそ育児などへの全面支援を施さなければ、本末転倒だろうし、果たしていまの自衛隊に、約24万人のうちの1万人強（1千人の部隊に2～3人くらい）のための将来に向けた投資ができるのか。

まして「女性の活躍」を「推進しなければならない」というプレッシャーで、施策を考え出すようなことがあってはならないだろう。

（2016年4月号）

自衛官リクルートを巡る「誤解」を斬る

「安保法制」や「集団的自衛権」のせいで志願者が減っているというのは間違い

景気がよくなると応募者減少

最近、「安保法制のせいで自衛官の志願者が減っている」という論考を各所で見かける。真偽のほどはどうなのだろうか。

実は、自衛官の応募が減っているのは本当のことなのである。しかし、その要因は「安保法制」や「集団的自衛権」だと決めつけられては困る。むしろ「アベノミクス」の効果かもしれないのだ。それに「減っている」といっても、倍率は非任期制で約5・7倍、平均で約7倍と、狭き門であることに違いないのである。

ともあれ、まずは現在の自衛官募集の状況を見ていきたい。

一部の新聞や『週刊朝日』（12月11日号）などでは「自衛隊の一般曹候補生（18歳以上27歳未満・高校新卒者が中心）の'15年度応募者が2万5千92人で前年度よりも20パーセント減少し、

過去9年間で最少となった」「大卒者が対象の一般幹部候補生の応募者数も7千334人で'15年度比13・8パーセント減っている」(正しくは13・9パーセント)「'16年3月の防衛大学校卒業生のうち任官拒否は25人で、過去10年間で3番目に多い」などとし、安保法制や「イスラム国」によるテロが影響しているといった論調となっている。

　結論からいえば、物はいいようで、応募者の減少は急に始まったことではなく'10年をピークに、それ以降はすでに下り坂だった。これは民間企業の求人が増えたことで新卒者がそちらに流れた要素が大きい。

　これまでも自衛官募集は民間企業の採用状況に左右されて変動してきている。つまり、世の中が不況で就職難になると自衛隊の応募者数は増え、逆に景気が良くなり民間雇用が増えれば自衛隊希望者は減るという相関関係だ。

　例えば、'08年のリーマン・ショック翌年は、一般幹部候補生の応募者数は前年度比35・6パーセントプラスの6千573人という大幅増となった。しかしその後、経済が回復基調となったことから、求職者1人あたりの求人数を示す有効求人倍率も右肩上がりとなり、'14年度までに1倍以上、'15年4月は1・17倍と23年ぶりの高水準となった。そうなると手のひら返しに自衛隊希望者は減るのである。

また、それだけでなく少子化の問題もある。15～64歳の「生産年齢人口」はここ数年で急激に落ち込み、'14年は前年比116万5千人減の7千901万人と32年ぶりに8千万人を下回っている。さらに、高卒で仕事に就く人が少なくなっていて、'14年の高卒就職者は18万4千人と大卒就職者の半分以下となった。まさに自衛隊の主力となる世代の若者に該当するのである。

安保法制を巡る報道も影響し

ところが、主に高卒者を対象としている一般曹候補生に、大卒者もこぞって応募してくるという現象も起きている。私の周囲にも大卒や大学院卒で入隊した知り合いが何人かいるが、18歳と22～23歳の体力差は大きく、涙ぐましい努力を乗り越え、晴れて曹候補生となっていった。それは感動的な姿であったが、自衛隊の人事関係者はこうした現状にも将来的な不安を拭えない。

現在は大卒者が25パーセントとはいえ、今後、他に魅力的な雇用が増えればそちらに流れる可能性もあり、何より給与は高卒と同額だ。大卒でも高卒と一緒になって頑張る陸海空士たちの処遇を上げ、先々の少子化に耐えられるようにしたいところだが、それには防衛費の増額などまたぞろお金の問題が生じ、壁は高い。

さて、ここまでの話で「ほらみたことか、やっぱり安保法制なんて全く関係ないじゃないか」といいたい方も多いかもしれないが、これがゼロとはいえない要素もある。

自衛隊特有の要素があるとすれば、それは親御さんの問題だ。実は、昨今ではせっかく高倍率を勝ち抜き合格しても親が反対し、自衛官になることを断念するケースが増えているという。その理由は、核家族化により子どもには近くにいてもらいたいという親が多いからだ。

また、説明会などで「安保法制で自衛隊はどうなるのか」という疑問や不安の声が出ていることも事実のようだ。幹部自衛官が自身の家族から心配の思いを打ち明けられたという話も聞く。

巷に氾濫する誤情報やネガティブキャンペーン、そして親族や恋人にまでオルグ活動も行われており、心配になるのは当たり前だろう。志願者あるいは現役自衛官でも、そうした家族の声を受け、辞めてしまうという現象も起きている。

そういう意味においては、安保法制が影響しているともいえるのかもしれないが、安保法制というよりもそれを巡る報道が及ぼす影響というほうが適切だろう。風評被害といいたいところだ。いずれにせよ、このような状況からも、家族に対する支援・教育をさらに確固たるものにしていく必要を感じる。

自衛官を諦めない制度整備を

ただ、前述したように、自衛隊は依然として高い倍率であり「募集が減り続けるから徴兵制になる」などということは全くのデマだといっていい。いまや世界の多くが志願制を取っており、これは軍を国のエリート集団にすることを意味している。

自衛隊も有能な人材を集めたいのである。だから地方協力本部が、自衛隊に入ることの意義を多くの若者に知ってもらおうと努力しているのである。そもそも、不景気だから自衛官になろうとか親が反対するからやっぱり諦めますなどという人材は、不必要なのだ（やむにやまれぬ事情で辞退した人には申し訳ないが）。

それよりも案じるべきは、「やる気がある人が辞める」事態だ。私も実際にそういう人たちをたくさん見てきた。人間関係など如何ともしがたい要因もあるが、最も辛いのは「自衛隊では国を守れない」と思われることだ。自衛隊に入って、憲法でがんじがらめにされていることが改めてわかり、自衛隊が嫌になる、志が高いからこそ辞めるという皮肉な現実が繰り返されている。

それと、様々な事情で辞めた人が即応予備自衛官となっていることはせめてもの救いであるが、雇い主企業に対する法人税減税が見送られたのは残念だ。東日本大震災のようなときは企業としても積極的に送り出してくれたが、平素の訓練については、相応の報酬（4万2千500円／月）が企業に払われるにしても、働き手が30日間いないことを補うには足りない、雇われる側の予備自衛官も居づらい状況となってしまうようだ。そのため、予備自衛官であり続けるために、職場を転々とする人が少なくないのだという。

予備自衛官には、現役自衛官より強力なマインドを持っている人もおり、貴重な人材だ。確かにそれくらいでなければ、働きながら訓練もこなすことなどできないだろう。

少子化など先々の心配はあるが、まずは国を守るために真剣に頑張ろうとしている自衛官が、自衛官を諦めることのない制度整備が必要ではないだろうか。

（2016年1月号）

自衛隊ー「殉職隊員1千878柱」の遺志を継げ

陸自1千27柱、海自417柱、空自409柱、その他25柱と尊い命が失われている事実を知れ

危険な任務は同じでも格差が

10月は東京・市ヶ谷の防衛省で「自衛隊殉職隊員追悼式」が行われる。この時期は毎年、付近の宿泊施設に集まった全国のご遺族が大型バス数台に乗って移動する光景を見るにつけ、いかに多くの方が国に殉じ、そしていかに多くの家族が涙を流したのかと申し訳ない気持ちになる。

'15年度は陸自8柱、海自12柱、空自6柱、沖縄防衛局1柱の計27柱が合祀された。これで警察予備隊発足以来の殉職隊員は1千878柱となり、うち陸自1千27柱、海自417柱、空自409柱、その他が25柱である。

自衛隊最高指揮官である安倍首相は追悼の辞で「遺志を受け継ぎ、いかなる事態にあっても国民の命と平和な暮らしは断固として守り抜いていく」と述べた。安保法制決議直後

のこともあり、今回はいつも以上に重い言葉として受け止められたのではないだろうか。

しかし、自衛隊殉職者のことについて知る国民はあまり多くはないだろう。それは誰もが足を運べる靖国神社に祀られているのは大東亜戦争までに起因する戦死者であり、一般の国民が自衛隊殉職者慰霊祭に参列したり、普段から防衛省敷地内の慰霊碑に訪れたりすることができないということもある。

国民による国に殉じた人たちへの慰霊・顕彰の方法は戦後日本が放置してきた問題であるが、安保法制議論をきっかけにこちらも本腰を入れるべきだという声も各所で聞く。

また、それだけでなく補償の問題もある。安保国会では佐藤正久参議院議員が、殉職した際の賞じゅつ金について次のように切り込んだ。

「私が派遣されたゴラン高原のときは6千万円、イラクの場合は9千万円というように、金額が異なる。今派遣されている南スーダンは6千万円だ。一方で、消防隊員が殉職された場合は9千万円だ。公務での死亡という場合に、危険度において違うのは分かるが、イラクの場合は9千万円で、南スーダンの場合は6千万円というのはどうか。消防と同じくらいのレベルに上げるべきではないか」

実は、警察や消防は地方公務員であるため国からだけでなく都道府県や市町村からも賞じゅつ金が授与されるのである。それらを合わせると最高授与額が9千万円になるということなのだ。いずれにしても、同じ危険と隣り合わせの任務でありながら格差があることには違いない。

中谷防衛相は「今後も自衛隊員に対しては、任務にふさわしい名誉と処遇が与えられるよう、不断に検討していきたい」と応じたが、最近では任務の困難性・危険性を踏まえ、海賊対処行動や原子力災害派遣は最高授与額が9千万円に増額される事例もあり、柔軟な検討が必要だ（南スーダンPKOでは「駆けつけ警護」を行い死亡した場合は賞じゅつ金が9千万円に引き上げられた）。

安倍首相の指示で叙勲も改善

ところで、あまり知られていないのは、防衛出動や治安出動で殉職した場合の賞じゅつ金については規定されていないという事実だ。過去に防衛省内で行われた有識者会議でも議題となった記録があるが、具体的方向性は示されなかったようだ。これを明確に決めるべきか否かは非常に難しい判断だ。しかし、自衛隊に理解のある安倍政権が未来永劫続くのならいいが、そそっかしい国民がまたいつトンデモ政権を誕生させるかもしれず、そうなると、その時その時の政権で有事における命の値段が決められかねないということも考えておかねばならないだろう。

佐藤議員は質問の中で叙勲についても言及している。安倍政権になってから統幕長経験者が瑞宝大綬章を受章しているが、これまでは1ランク下の瑞宝重光章であった。首相の指示によってランクアップしたといい、画期的なことなのだ。

55歳前後で定年となる「若年定年制」をとっている自衛隊は、叙勲の対象となる通算在職年数が60歳まで勤務する他の公務員に比べて短いため、在職年数が関係するとされる叙勲は相対的に低い等級に位置付けられてしまうようだ。対象者の数も警察や消防等と比べ抑制的である一方で、東京大空襲の指揮を執ったカーチス・ルメイ大将はじめ米軍司令官には旭日大綬章が与えられているという現実もある。

そもそも心は軍人である自衛官が勤務年数のモノサシで測られる公務員としての扱いでしかないところが間違いの始まりだと私は思うが、憲法を変えないできたひずみはこうした部分に現れている。

また、平成15年度より危険業務従事者の叙勲制度が始まったのはよかったが、制度開始前の退職自衛官には適用されていない問題もある。そうなると、受章から取り残される人々が存在してしまうのである。

不均衡はそれだけではない。自衛隊には叩き上げで幹部になる人たちもいて、その中で早いうちに試験を受けて幹部になる「B幹部」と退官前に幹部となる「C幹部」とに分かれるが、C幹部の叙勲が95パーセントに比べてB幹部の叙勲は2パーセントしかいないのである。

自衛官を巡る不備は憲法から

こうした不均衡は、やはり自衛官の受章枠を拡大するしか解決を見ないだろう。あらゆる人に授与すれば価値がなくなるという観点もあるのかもしれないが、自衛隊の担う国家の防衛という特殊性に鑑みれば、職務を全うした全ての隊員に、生存中に国家としての名誉が付与されることがあるべき姿ではないだろうか。

それにしても自衛官が叙勲を受けるのはあくまでも退官後だ。では、現役自衛官の名誉はどうか。各国では現役軍人の功績に対し勲章を与えるが日本にはそれがない。自衛官には防衛省が独自に作った「防衛功労賞」とその略章の「記念章」が与えられるだけである。普段はそれでもいいが、問題は礼装が必要な外国などでの公式な場だ。海外での公式なパーティに出席すると「今日は礼装なのに、なぜ勲章をつけないんだ?」と訝しがられてしまうのである。これは「服装違反」でもある。日本の特殊事情を知らない他国の軍人たちにしてみれば、公式な場に出席するような士官が勲章を1度も受けていないのかという評価にもつながる。

さらにかねてから指摘されながらも全く手を付けられてこなかったのは、陸海空幕僚長も統幕長も認証官ではないという問題だ。国務大臣が決まれば、たとえ天皇陛下が静養中であっても認証式は執り行われる。その大臣がスキャンダルで辞任してすぐにまた…などという光景を幾度となく目にしているが、なぜ自衛隊制服組のトップがいまなおその立場になれないのか。宮内庁によれば、人事官、検査官、公正取引委員会委員長、原子力規制委員会委員長なども認証官だという。

自衛官を巡るこれら全ての不備が憲法に起因することは疑いの余地もない。自衛官が事故や事件を起こせば世間は厳しく叩くが、その前に、その役割相応の地位と名誉を付与し、国民が頼る組織として「信賞必罰」のあるべき姿を追求する必要がある。

（2015年12月号）

防衛省－背広組VS.制服組の対立は幻想だ

各幕僚監部はもっと国防の現状を訴え政治家は軍事的知見を持つべきだ

「軍が暴走」と煽る報道の誤り

「防衛省設置法12条」といえば、自衛隊をよく知る人にとっては一つのキーワードであった。

「設置法12条をどう思う？」

かつては、そんなことを自衛隊の偉い人に質問されることがあった。防衛問題に取り組んでいると公言するからには「設置法12条とは何か、また如何にすべきか」について知識と見解を持つべきだと思い知らされたものであった。

今回は「制服組が背広組に勝つ」と期待した方にも、また「自衛隊が暴走する」と心配する方々にも落胆させる内容になるかもしれないが、先に述べたような「設置法12条問答」で試されるようなことは、すでに自衛隊を退官された皆さんとの思い出話で、近年、現役自衛官との交流の中でそのような話が出たことはない。この組織がすでに背広・制服にかかわらず自衛隊運用の弊害になりかねない要素を健全化しようとしていて、「背広組VS.制服組」の対立構図も時代とともに変わっているのではないかと感じている。

前置きが長くなったが、この度、かの「防衛省設置法12条」が改正されることになった。'15年3月に閣議決定され、今国会での成立を目指す。

設置法12条は、自衛隊のいわゆる制服組である各幕僚監部に対する背広組（内局）**の優位を規定しているとされており、今回、従来の方法である防衛大臣が陸海空自衛隊のトップに指示を出す際、内局の官房長や局長が補佐することや、制服組から直接大臣に申し出ず内局を通すといったやり方を改めることになった。**

これをして、「軍が暴走する」「いつか来た道」などと、またぞろ危機感を煽るキャンペーンが繰り広げられているが、全くの筋違いだ。

例えば、自衛隊ヘリで何らかの事故が発生したとして、その説明を大臣にする背広組の人は、まず制服の自衛官から専門知識を教えてもらわなくてはならない。そのためプロセスが二重にかかり、上への報告は時間を要することになる。これでは、昨今のような緊急を要する安全保障情勢に対応できないということで、改善が進められてきたのである。

そもそも自衛隊には「防衛参事官」という制度があり、これが長年にわたり「文官優位」や「文官統制」といわれる根拠となっていた。防衛参事官は防衛大臣の下に位置付けられ、その権限は「防衛省の所掌事務に関する基本的方針の策定について防衛大臣を補佐する」という大きなものであり、各幕僚監部から提出される計画等については防衛参事官が承認や指示、監督する仕組みだった。

統幕に一元化された部隊運用

この制度に対しては、政軍関係のあるべき姿ではないとする識者の指摘も常にあったことから見直し機運が高まり、'09年に廃止された。ただ、ここまではまだまだ内局の権限が強く、すでに'06年には統合幕僚監部が設置されていたが、内局との関係性について踏み込んだ取り決めがなされたわけではなかった。

実際には、防衛参事官制度が廃止されたとはいえ、運用や行動の基本について大臣を補佐するとされている内局の運用企画局は存続し、統幕長であっても防衛大臣に何かの報告をするためには、運用企画局長との調整が必要となっていた。

今回の改正では、自衛隊の部隊運用についてはその権限を統幕に一元化し、内局の運用企画局を廃止することとなった。統幕長の下に背広組の運用政策統括官（その後、総括官に改称）を新設することも決まった。今日までの経緯を振り返れば、やっとバランスがとれることになる。しかしこれはあくまでも内局と各幕が対等になるのであり、制服組が背広組よりも権限を強化したなどと捉えられては困る。

確かに世の中には、軍事に明るい制服組だけが大臣を直接補佐すべきだという意見もあるが、それではやはりアンバランスだ。政策的な補佐を背広組が、軍事的な分野を制服組が担務するのが適切な姿であろう。

これは私の経験から感じる範囲のことだが、自衛官が実施してくれる説明は細部にわたり検討を重ね構成されたものだ。だが、一般的には理解され難い部分もある。これは、指揮官が部隊隊員に伝達する場合、短切で明瞭であることが必要であることを鑑みれば当然のことだが、若干、言葉足らずになってしまう場合もある。

例えば、どこかの指揮官が「わが部隊では射撃能力の精度向上を目指し、今後は射撃訓練に重点をおく」といったとしたら、一般の人はびっくりするだろう。この方針の背景にある「射撃が正確にできることは専守防衛のわが国において、国民保護の観点からも安全安心に直結するものであり、そんなことがあってはならないが、日頃からそのスキルを高めておくことが抑止力になるからです」といえば印象は全く違う。そのあたりを背広組の方々が補完する意味でも欠かせない存在だと私は思う。

また翻れば、制服組の皆さんが軍事の本質からかけ離れた国会答弁にその能力を注ぐようなことは望ましくない光景である。

「いわざる」では済まされない

わが国では「シビリアンコントロール（文民統制）」の意味が正確に理解されていないといわれて久しい。これは占領下においてGHQの英語を「政治が軍事を調整する」という本来の意味ではなく、「文官統制」と曲解したからだとされている。

そしてその誤解を現在もし続け、「文官優位」や「文官統制」の構図が「自衛隊が暴走する歯止めになっている」などと喧伝するのはわが国の防衛力を妨害したいとしか思えない。いまや背広組も制服組も一丸とならなければいけない時代ではないか。

かねて当欄でも述べているように、自衛官たちはとにかく我慢強くて物をいわない。海保は「海猿」だが、自衛隊は「いわざる」だと、私は飽きるほど訴えてきたが、戦後ここまで徹底的に抑えられて育まれた体質は安倍政権になったとて、急には変わらないのである。各幕僚監部にはむしろもっと発言してもらい、政治サイドに日本の国防の現状を伝えてほしい。

さらに重要なのは、今後は「シビリアンコントロール」のコントロールする側、つまり政治家の皆さんがいま以上に軍事的な知見を持ってもらわなくてはならないということだ。シビリアンコントロールは、国民から選挙で選ばれた政治家が自衛隊トップに立つことで担保されている。責任はますます重い。

ところで、最近知人から興味深い指摘をされたのだが、新聞各紙の首相の1日の行動を記した欄を見ると、統幕長の名前が載っていない新聞があるという。事務次官や局長などは明記されているのに、統幕長だけ書かないということであったが、本当だろうか。真実は分からないが、いずれにしても、これからは政治も防衛省もまた報じる側も、全てに意識改革が求められることになりそうだ。

(2015年5月号)

自衛隊の「医療体制」は国の存亡に関わる

軍人にとって最期の場所になるかもしれない医療施設がこんなにお粗末とは！

医療をめぐる防人たちの憂鬱

私はかつて、東京・世田谷にある陸上自衛隊衛生学校内の史料館「彰古館」を見学したことがある。軍医学の関連資料が所狭しと並んでいて、ここは軍医学というより、わが国の医学そのものの発展の歴史が分かる場所だといってもいいだろう。

例えば、森鴎外と高木兼寛の脚気論争などは有名だが、顔を負傷した兵士のための皮膚移植手術や、義手ができたのが日清・日露戦争時代であるなど、あまり知られていないエピソードも多い。義手については、乃木希典が腕を失った兵士たちのために私財を投じ、自ら設計図をかいて工廠に持ち込んで完成させたのだという。これは「乃木式義手」と呼ばれるようになり、感激した兵士が義手を使って書いた乃木への礼状も残っている。いわゆる「司馬史観」では分からない乃木将軍の知られざる顔といえるだろう。

とにかく、傷付いたり、あるいは心を病んだ将兵を救うために叡智を尽くしたことが医療技術の向上に貢献していることが分かる。翻れば、戦争は医療を進歩させているのだ。

では**現在、自衛隊の医療体制はどうなのかというと、非常に心配な問題点が数多く存在するのである。**まず医官になるためには、防衛医科大学校に入学して卒業後、陸海空の幹部候補生学校に進み国家試験に合格する必要がある。防衛医大は入学金や授業料が無料ではあるが、任官しなかったり、9年以内に退官する場合は経費を国庫に返還しなければならない。だが、9年を待たずに辞めてしまう人が多いという。

これには様々な理由がある。**自衛隊では多様な患者の症例を診る一般病院と比べて、どうしても経験を積むことが難しいのだ。**

「極端にいえば、風邪や水虫の治療ばかりになってしまいます」

数年前、陸自医官へのインタビューで聞いたことがある。一般医大に進んだ同級生は、専門分野の研究に打ち込んでいて羨ましいといいつつ、自分は自衛隊のために尽くしたいと複雑な心情を吐露してくれたが、結局その後、退官したようだ。やる気がないとか、嫌気がさして辞めるわけではない。むしろ「頑張って人を助けたい」という気持ちがあるほど、その目的を達成できず、自衛隊を去らざるを得ない現状がある。

その状況を打破するために、防衛医大や自衛隊病院などの施設を、もっと機能させる必要がある。'09年には『自衛隊病院等在り方検討委員会』(在り方検討委)が発足し、報告書がまとめられた。その中にも「医療従事者の医療技術向上のためには、自衛隊病院、防衛医科大学校病院等において日常的に質・量ともに多くの症例を経験する必要がある」と書いてある。

知られざる構造的欠陥の弊害

この自衛隊医療を巡る、古くて新しい問題を解決すべく、それまで自衛隊員やその家族に限られていた自衛隊病院の一部オープン化が試みられるようになったが、ここでの診療報酬は国庫に入るため、諸経費は病院の予算で捻出するという摩訶不思議な構図となっている。つまり、一般の患者を受け入れるほどにお金がかかってしまうのである。

「地域の医療に貢献したいと皆、思っていますが、お金が足りない」

関係者の苦悩は当然だ。手術をしたり、高価な薬を出さなければならない患者を受け入れた場合、予算を圧迫し、底をついてしまえば次の年度まで業務を行えない事態に陥る。そうした事例が実際に起きている。また、ペースメーカーを必要とするなど数百万円単位の経費がかかるケースでは、自衛官でも「民間病院に行ってもらうしかない」という。こうなると、当の自衛官も「自衛隊病院よりも民間病院の方が信頼できる」と自ら離れていってしまい、負のスパイラルに陥ることになる。

だいたい考えてみて欲しい。医師としての地位を確立したければ、民間病院に移るなり独立して開業するなど魅力的な道はいくらでもある。世の中はただでさえ医師不足なのだ。しかし、あえて自衛隊の医官でいる人たちは自分自身よりも何らかの使命感を尊重していると考えられる。だが、ここにきて国家公務員の給与削減、官舎の値上げ方針…など、ますますモチベーション維持が困難となることが相次いでいる。

一般患者の受け入れが技術と士気の向上につながるのかと思いきや、「あまり張り切って手術などすると、同僚に迷惑をかけてしまうんです」という信じ難い事実があるのだ。

病院はそもそも不測の事態に備えなければならず、インフルエンザが大流行するなど最も必要とされる時に「予算がなくて何もできません」というわけにはいかない。そうならないために、普段から薬を出してもせいぜい3日分くらいにしたり、高額な診療は行わないなどの涙ぐましい努力をしているようだ。

頑張るほど損をする医療施設

前述の「在り方検討委」報告書でも次のように明確に指摘している。

「医官等の医療技術の維持向上のための日常的な臨床経験の確保、研修・通修、その他必要な教育訓練等が十分にできない状況にあり、医官が中途退職する一因となっていることも考えられる。

以上のことから、現状のままでは多様化した自衛隊の任務への実効的な衛生支援が困難であり、自衛隊病院を含む自衛隊衛生の抜本的な改革が必要である」

しかし、抜本的な改革を実現するためには、それなりの予算措置が不可欠だ。報告書では「部外者診療の増加によって生じる医療費の増加への対策を併せて検討する」とあり、具体的な施策が期待されるところだ。

「東日本大震災のとき、防衛医大のベッドは空いていました。それでいいのかどうか、検討すべきではないでしょうか」（医官ＯＢ）

自衛隊の医療施設は多くが設備を含め老朽化していることや、国家公務員の定員削減により、看護師不足であることなどからベッドは余っていても患者を受け入れられないという理由もある。しかし、災害など有事に際しては受け入れ態勢を取るべきだという指摘もされている。

「入間基地から近い防衛医大に一時的に運び込むことはできる」

いずれにせよ、自衛隊の医療施設については、活用されているとはいえないようだ。

また、防衛医大の学校長には防大同様、慶応大学など一般大学出身者が就任しているが、やはりそこは制服の医官であって欲しいと望む声も少なくない。軍人にとって最期の場所となるかもしれない医療施設だけに、そのトップは医師であり指揮官であることを忘れてはならない。

今回、『防衛力の在り方検討に関する中間報告』には衛生についての項目が加わった。「頑張るほどに損をする」、翻れば、「やる気がないほうがいい」というおかしな制度は早急に改善をしなければならない。


（2013年11月号）

第4章

北朝鮮・中国・ロシアの脅威に備えろ

北朝鮮ミサイル「発射前作戦」研究を急げ

電磁場による「レールガン」やコンピュータウイルス利用の発射攪乱技術も必要だ

日米共同開発の新イージスも

韓国大統領選の結果からも朝鮮半島情勢はますます不透明だ。米国は中国への圧力で対北制裁を実効性あるものにしようとしており、ティラーソン国務長官は'17年5月3日に国務省職員に訓示をし「中国をテストしている」「圧力ダイヤルは5か6というところ」と述べている。俗にいう「ねじを回している」状態だろう。

わが国では「斬首作戦」を含めた米軍による北朝鮮への攻撃があるのか？　といったことに関心が集まっており、どんな専門家でも答えられない問いをここ数か月繰り返している。もちろん、米国の動向を注視しなければならないが、現時点では米韓軍事演習でその準備は確実に進め、いつでも実施できる状況を作っているものの、一方で国際法上の根拠という観点からは行動を起こすに足る状況にはなっていない（「テロ支援国家」の再指定も行われていない）。

仮に作戦が実施されるとしたら、その後想定される米軍基地を含めた韓国や日本への攻撃に対処する態勢を取るはずだ。それは、韓国や日本にいる米軍人家族など自国民を退避させる「非戦闘員避難作戦」（ＮＥＯ）の兆候で分かるというが、いまのところその様子はない。

しかし、それで安心していいはずはない。北朝鮮が核実験を行うなどのきっかけがトランプ大統領に大胆な決断をさせるかもしれず、誰にも読み切れない。わが国としてはあらゆる事態に対する防衛・国民保護の体制を早急に強化する必要がある。

そこで今、喫緊のミサイル防衛対策としてＴＨＡＡＤ（終末高高度防衛ミサイル）や、イージス艦搭載ミサイルＳＭ‐３の陸上版であるイージス・アショアが検討されていることは以前にも紹介したが、最近の報道では、イージス・アショア導入の方向で進められているということで賢明な選択だと思う。

ＴＨＡＡＤの迎撃高度は40～150㎞でしかなく1基約2千億円が7基ほど必要となるが、一方、イージスについては、現行のＳＭ‐３ブロック１Ａよりも射高や射程が倍に向上するＳＭ‐３ブロック２Ａが数年内に運用開始できる予定で、こちらは2基あれば全国をカバーできるという。しかもこちらは日米共同開発であり、わが国の技術が活かせる。

一方、こうしたミサイル防衛強化策の中で同時に進めなければならないのは日米の共同対処体制の早急な確立だ。今年3月に北朝鮮が発射したスカッドERは4発同時の着弾を狙ったものだった。相手のミサイル防衛を回避するための「タイム・オン・ターゲット」（TOT）の手法だ。

「高出力レーザー」も実用化へ

もし、このように弾道ミサイルが立て続けに発射された場合の対応は非常に難しい。そこで米軍は複数のイージス艦に対し、瞬間的にどの艦がどのミサイルを迎撃するか割り振るシステムDWES（Distributed Weighted Engagement Scheme）を開発しているということであり、自衛隊も組み込まれることが急がれる。

さらに問題なのは、もっと多量のミサイルが同時に発射されたらどうするのかということだ。北朝鮮は日本が射程内のスカッドERとノドン合わせて100発以上保有するといわれ、それらを発射する地上移動式発射装置（TEL）をどれだけ保有しているのかにもよるが、これを整備すれば最大で100発のミサイルが発射可能と考えておくべきであろう。

こちらのSM－3とPAC3の弾数は決して多くなく、こうした飽和攻撃には対応できないことは以前から指摘されている。新たなステージに向けた検討も併せて進めるべきだ。

その新分野の一つが「レールガン」だ。わが国でもやっと開発予算がついたようだが、米軍ではかねて研究・開発が進められていた。これは火薬を使わず電気を使い、電磁場で弾を加速して通常の大砲の約6倍の初速で弾を発射する。従来の砲弾のように中の炸薬が爆発して破壊するのではなく、対象物に当たるだけで破壊する仕組みであるため弾のコストが安くすむ上、1分間に数百発の連射が可能というものだ。

また熱を遠くに照射し、ミサイルの電子部品などを破壊する「マイクロウェーブ兵器」や「高出力レーザー兵器」も実用化が期待されている。

こうした指向性エネルギー兵器と呼ばれるものは1発あたり数千万円から億単位のミサイルと比べて費用を抑えられる利点もあり、迎撃で生じる被害も最小限にできる。これらの兵器を艦艇に搭載する場合、巨大な電力が必要となるため、米軍はもちろん日本でも、すでに多くの電力を供給することを想定した艦艇建造が進められていると聞く。

しかし、**最も望ましいのはミサイル発射直前に無力化することだ。その文字通り「発射前作戦」＝「レフト・オブ・ローンチ**（Left of Launch）**」が米軍によって着々と実施され**

ているのではないかという見方もある。英国の日刊紙タイムズは「失敗した北朝鮮のミサイル発射のうち、一部は性能の欠陥が原因だが、ほかは米国防総省が先端コンピュータウイルスを利用して発射を攪乱したためとみられる」と報じた。

電子部品に攻撃プログラムを

米国のニューヨーク・タイムズ紙は「北朝鮮と米国の間では、過去3年にわたり、ミサイル計画をめぐる隠密の戦争が行われてきた」として、オバマ政権の「レフト・オブ・ローンチ」に言及した。

確かにムスダンの失敗率は88パーセントで、ムスダンを構成する旧ソ連製ミサイルが、かつて失敗率13パーセントにすぎなかったことを考えれば圧倒的な差がある。これは単に「北朝鮮の技術が未熟」ということではなく、その原因が何らかの「発射前作戦」だったとしてもおかしくない。

これについて『米中戦争　そのとき日本は』の著者である渡辺悦和元陸将はサイバー攻撃よりむしろ「キルスイッチ」が作動している可能性があるのではないかと指摘する。ミサイルの電子部品にある特別な信号が入ると、部品が破壊される仕掛けも否定できないというのだ。

北朝鮮のミサイル部品のほとんどが西側諸国製のものを中国経由で入手していることが分かっており、そのサプライチェーンのどこかで攻撃プログラムを埋め込むことは可能だという見立てだ。サイバー攻撃といえば、'09年に米国とイスラエルが開発し、イランの核施設攻撃を成功させたとされるコンピュータウイルス「スタックスネット」が知られているが、閉鎖的環境の北朝鮮に対してはサイバーより部品への仕掛けが有効ではないかということだ。

一方で、**北朝鮮が世界各地の銀行にサイバー攻撃をし、現金を奪った疑いがあるといい、あなどれない能力が知られるところとなった。度重なるミサイル発射失敗も、あえて自爆させているのではないかという疑いもある。真相は分からないが、一つだけいえるのは、もはや過小評価は許されないということである。**


（2017年6月号）

自衛隊の覚悟－中国「実効支配」に備えよ

中国の南シナ海「戦略的トライアングル」を阻止するため国際世論の包囲網を

国際海洋法無視の独自ライン

注目されたハーグ仲裁裁判所の裁定が'16年7月12日、出された。この結果は日本にとってどのような意味があるのか、検証してみたい。

まず、南シナ海と日本の関係であるが、年間にわが国の海上貿易量の54パーセントにあたる1万6千800隻がこの海域を通過している。原油の90パーセント、天然ガスの70パーセントほどである。この海上輸送路が中国のルールで仕切られるようなことになれば、日本経済にとって死活的な問題となることはいうまでもないが、その点はあまり語られない。

実は私も、これまでは付け足しのようにいっていた。「海はみんなのもの」であるのに、自国への影響を殊更に取り上げたくなかったのが理由だが、おそらくメディアでコメントする多くの専門家が同じように遠慮していたためか、結果的に日本人がピンとこなかったのかもしれない。「日本とは関係ない」などと政治家までが発言する始末となってしまった。**実際は経済的打撃のみならず、安全保障上の大きな脅威である。**

早速、今回の裁定結果を見てみたい。並んだ次の文言は日本の海事関係者からも画期的だという声が出た。

「中国が主張する『九段線』に国際法上の根拠はない」
「中国がスプラトリー（南沙）諸島で造成した人工島はフィリピンの主権侵害にあたる」
「同諸島に島はなく、排他的経済水域（ＥＥＺ）を形成しない」
「中国はフィリピン漁民の活動を妨害した」
「中国は生態系に取り返しのつかない害を与えた」

まず、中国の主張する「九段線」に法的根拠はないと断じたのは大きい。そもそも「九段線」とは何なのかというと、１９３０年に戦前の中華民国が作った地図に南シナ海の島嶼の領有権が主張され、「十一段線」という形で具体化された。その後、２本の線が消されて現在の「九段線」となったようだ。その形から「牛の舌」とも呼ばれる境界線内に自分たちの権利が及ぶとしているのだ（中国は「九段線」は国連海洋法条約よりも先に決まっていたとして「歴史的権利」や「管轄権」という定義付けを独自でしている）。しかし、それは国連海洋法条約で定められた領海（海岸線から12カイリ＝約22キロメートル）や排他的経済水域（EEZ、200カイリ＝約370キロメートル）にも該当しない全く独自のラインだ。当然、周辺国との摩擦が生じることになる。

戦闘機や潜水艦配備も可能に

今回の仲裁裁判が起こされたのは、'12年4月に発生したフィリピンと中国のにらみ合いがきっかけだった。フィリピンのEEZ内にあるスカボロー礁付近で中国漁船が不法操業を行い、それを取り締まろうとしたフィリピン艦船と中国公船とがにらみ合いになったのだ。

それは2か月間も続いたが、台風によりフィリピン艦船が撤退。その後、中国側が居座り、現在のようなスカボロー礁の事実上の実効支配に至った。軍事力で中国より格段に劣るフィリピンは'13年1月に国連海洋法条約に基づき、オランダ・ハーグの常設仲裁裁判所に提訴した。

中国による人工島造成については『テーミス』においても述べてきたが、それらが「島かそうでないか」によって状況は大きく変わる。今回の裁定では、国際法上これらは島ではなく、従って領海もＥＥＺも大陸棚も存在しないことになった。国連海洋法条約において「島」の定義は「自然に形成され、水に囲まれていて、高潮時に水面上にある」とされる。

また、人間が居住できないならそれは「岩」である。そして中国が造り上げた人工島は島ではない。中国のメンツが潰れる結果だった。

中国は激しく反発し、「南シナ海で2千年以上活動してきた」と歴史的優位性を強く主張した上で、常設裁判所の判断を受け入れないという声明を出した。これはもともと、漁業や海底資源を求めて南シナ海に進出してきた中国であったが、そのうちに同海域を「核心的利益」と位置付けたことを如実に表している。

中国が軍事的な野心を露わにして'14年から人工島造成を加速化させたことは以前も述べた。西沙諸島のウッディー島に3千《トン》級の滑走路を造成しレーダーシステムを設置、地対空ミサイルも配備する。

南沙諸島のファイアリー・クロス礁では3千《メートル》超の滑走路や軍事施設建設が続いているという。近い将来これらの拠点に戦闘機や潜水艦配備が可能となるのだ。

さらに中国は最近、スカボロー礁周辺の測量を行っているといい、もしここが軍事拠点化した場合は、ウッディー島、そしてファイアリー・クロス礁、スカボロー礁が「戦略的トライアングル」として線で結ばれることになる。それは即ち南シナ海の完全な航空優勢の獲得と同義であり、またこのトライアングル内に潜水艦を遊弋させ米国の核に対する報復攻撃が可能となる。

フィリピン援助を米中が争う

当然、**日本はシーレーンを中国に聖域化されることになる。これはおそらく中国にとっては何が何でも進めたい野望であり、仲裁裁判の結果などより先に既成事実を作ることが勝利だといわんばかりに、急ピッチに事を進めるだろう。**

今後、中国の力による支配を抑えるために大きな鍵を握るのは、まずフィリピンだ。ドゥテルテ大統領は中国をうまく利用しようと考えているようで、南シナ海の秩序よりも中国からより有利な条件で経済援助などを受けられることに注力すると予想される。中国の得意とするところである。二国間に歴史的「和解」(?)が演出されれば国際法違反も非難も意味を持たなくなるのではないか。

一方でフィリピンは'14年に米軍の再駐留を求めている。'92年に反米ナショナリズムが高まり、スービック湾の米海軍やクラーク基地の米空軍を事実上追い出したのであるが、そのことが力の空白を生み、現在のような状況を許したと気づいたからだ。日本としては沖縄の米軍基地問題を語るとき、この事実をしっかりと捉えるべきだろう。

海上自衛隊OBの伊藤俊幸元海将は「これが早期に実現すれば力の空白は埋まり、中国のスカボロー礁軍事拠点化を阻止することが可能となる。どちらが先手を打つのかによって、南シナ海情勢は大きく変わる」と指摘する。

はたから見れば再駐留を急ぐのが良いに決まっているが、フィリピンが中国による経済的援助等の魅力と安全保障を天秤にかけた場合どうなのだろうか——。

そう考えると、**わが国からも同国への米軍配備の加速化を助ける働きかけや、フィリピンやベトナム、インドネシアなどの国々への海軍力強化に向けた全面協力が必要となりそうだ。そして、中国が抜いた剣を引っ込める理由、即ち欧州なども巻き込んだ国際世論包囲網の構築が求められる。**

(2016年9月号)

ロシア軍─「北方の脅威」は高まっている

北方領土周辺の軍事活動は活発化し領空侵犯も続いていることを知るべきだ

日ロともに長期政権で期待が

その昔「一列談判破裂して日露戦争始まった〜」という数え歌があったが、もはや馴染みのある人はほとんどいないだろう。

それどころか、日ソ不可侵条約の一方的な破棄、シベリア抑留…等々の記憶も薄れ、「期待すればロクなことがない」というかつて日本人が皮膚感覚で持っていた対ロ観は変わりつつある。安倍首相の名が日ロ関係修復の立役者として歴史に刻まれるのか、現代の松岡洋右となるのか、世論を醸成する私たちも同時代に生きる責任を負わねばならない。

プーチン大統領来日で北方領土交渉が大きく前進するというのが大方の見方となっている。4島返還はあり得ないものの、2島ならあり得るという雰囲気だ。

簡単に振り返ると、この交渉は1956年、鳩山一郎総理が「日ソ共同宣言」に署名し戦争状態の終結と国交回復を実現したが、この時はソ連側が歯舞・色丹の2島返還を提示したのに対し、日本側はあくまで4島返還を求めたため平和条約締結には至らず「共同宣言」で終わった。

日本が4島返還に拘るのは国民世論もさることながら米国の意向も大きい。ましてこの当時は冷戦真っ只中であり、日ソの壁が溶解することを米国は警戒し、ダレス国務長官が「2島返還するなら沖縄を返還しない」と圧力をかけたといわれる。

その後、'91年にソ連が崩壊し'93年に来日したエリツィン大統領が細川総理と「東京宣言」に署名、'56年の共同宣言では平和条約の交渉継続での合意にとどまったが、ここでは「北方4島の帰属の問題を解決すること」と明記され、駒を一歩進めた。

交渉はその後も続けられてきたが、行きつ戻りつしているのは双方の国内事情や世論に影響されるからだ。そういう観点では再選が見込まれるプーチン大統領と任期延長を可能にした安倍首相という互いに長期政権が見込まれる2人に、これまでとは違う進展が期待されるのも当然だ。

ただ、安全保障上の視点でこの問題を見ると、ロシア側が4島返還に応じることはあり得ないことが分かる。その理由は、北方領土が接するオホーツク海が同国の核戦略上欠く

ことのできない領域であるからだ。

ここにはロシアの弾道ミサイル搭載原子力潜水艦（ＳＳＢＮ）が潜んでいて、それにより米国本土への核攻撃が可能だ。北方領土の中でも同海域にかかる国後、択捉についてはロシアが手放すとは到底考え難い。ＳＳＢＮの遊弋するエリアを聖域化し、誰も入れないようにしておくことが、米国と向き合う上での切り札であることは冷戦後も変わらない。

返還条件が日米安保に影響を

因みに中国がいま、同じことを南シナ海で進めようとしているのはかねて述べている通りである。

そんな中、衝撃的なニュースが一部で流れた。それはロシア側から、返還が実現したら北方領土は日米安保条約の適用対象外とする条件を出したというものだ。

日米安保条約第５条ではその適用する地域を「日本国の施政の下にある領域」としている。普通に考えれば、北方領土返還で日本の施政権が及ぶことになれば米軍の活動も可能となるが、それは許さないというロシアの立場としては当然の主張だ。

安倍首相は国会でこの報道について問われ「そのような事実は一切ない」と否定してい

るが、もしこれを容認するようなことになれば「尖閣諸島も安保条約第5条の適用外にする」と仮に米国からいわれても受け入れざるを得なくなってしまう。

問題は、こうした条件に対し政府や外務当局が予期し米国側に周到な根回しがなされているのか、それとも「米国離れ」の一現象なのか、であろう。それが'16年末に予定されている安倍―プーチン北方領土会談を論ずる際の大きなポイントとなる。

このように、**ロシアにとって北方領土は日本側の「固有の領土であるから返してほしい」という思いとは全く別次元の、「軍事」という側面において極めて重要であり、核戦略の大幅な変更がない限りは平行線が続くと予想できる。**

日本では、中国の軍事挑発については大手メディアでも報じられているが、ロシアについてはほとんど聞かれない。

平成28年度版『防衛白書』では極東地域のロシア軍の活動が活発化しているとして、オホーツク海でのSLBM（潜水艦発射弾道ミサイル）実射や北方領土における392にも及ぶ軍事施設増強などが記述されている。こうした北方領土における軍事活動の活発化は「ウクライナ危機などを受けて領土保全に対する国民意識が高揚していることや戦略原潜の活動領域であるオホーツク海に接する北方領土の軍事的重要性が高まっていることなどが存在するとの指摘もある」としている。

北海道の自衛隊が果たす役割

'14年には大規模演習「ヴォストーク2014」が実施され、人員15万5千人以上、戦闘車両4千両以上、艦艇約80隻、航空機約630機などが参加。また、宗谷海峡を10隻以上の艦艇が通過することが年に2~3回あるといい、さらに'16年5月には太平洋艦隊戦力の将来的な配置の可能性にかかる調査研究を目的に、約200人の遠征隊が千島列島のほぼ中間の松輪島で調査活動を開始した。

対領空侵犯措置に関しても、中国機に対するものが過去最多となり関心が集まるが、'15年はロシア機による領空侵犯も発生しており、'16年1月にはTu-95長距離爆撃機がわが国周辺を一周するなど活発な活動が続いていることに変わりはない。

最近では'16年10月にもオホーツク海のSSBNからSLBM3発を試射する異例の軍事演習を行っているが、日本では殆どニュースにならない。経済は悪化しているが、軍拡は続いているのだ。北方領土に関してロシアが軍事的に重要視していると現在進行形の意志が見えるのに、日本人にはそうした感覚がなく、固有の領土を主張する正統性だけに目が向いていることとは温度差がある。

一方、日本としても接近には安保上の意味がある。中露の離反や情報を収集するチャンスにもなり、そういう意味では中露VS.日米の構図を作らせず、日本が中和する役割を買って出て、なおかつ領土問題の進展を図るというメリットはある。

しかし、問題はそれだけの能力とスタッフがこちら側に存在するのかということだ。戦略的な算段があって歯舞・色丹返還で妥協するならまだしも、単にレガシー作りということであればリスクが大きい。

交渉の進展次第では北海道の自衛隊配備にも影響を及ぼしかねない。北端の沿岸監視などに屈強な自衛官が目を光らせていることがいかに重要か多くの日本人がすっかり忘れているようだが、こうした防衛力を見せているからこその外交である。彼らの存在感は薄くなるどころか、再認識されるべきだと私は思う。

（2016年12月号）

豪州潜水艦「受注競争」脱落の裏を衝く

独・仏の激しいロビー活動や中国の豪州への異常接近など「訳あり国」の動向

豪州が必要とした海軍力強化

「豪州潜水艦の受注競争で日本敗れる！」「残念！」
'16年4月末から各所で躍っていた文言だが、私はそのようには捉えていない。下世話な例えをさせて頂くと「悪い男に騙されたと思おう」ということ。多くの人がこの経緯を途中からしか見ていないために日本が独・仏に及ばなかったと捉えているが、そもそもこの話は豪州側からの熱烈なアプローチに始まっている。

豪州は中国の海洋進出を受け、その海軍力強化を必要としている。中でも潜水艦の増強は喫緊の課題だ。しかし、現有のコリンズ級潜水艦6隻は1隻もまともに動いていないのではないかといわれるほどその運用状況は惨憺たるものだったようで、潜水艦乗組員も「乗る艦がないため転職している」という噂までもが、まことしやかにいわれていた。

そこで、救世主と目されたのが日本だ。わが国ではコリンズ級の製造元であるスウェーデンのコックムス社のスターリングエンジンをライセンス国産し、自国の技術として造りあげていたため、「日本ならば頼れるに違いない」という見立てだったのだろう。

そのうちに単なるメンテナンスではなく、安全保障協力の観点やアボット首相と安倍晋三首相の関係が良かったこともあり、日本の最新潜水艦「そうりゅう」型の「輸出」が現実味を帯びてきたのである。ところが、豪州では経済不振から、日本の潜水艦を買っても国内経済に恩恵がないという声が強まり、'15年2月に競争入札とすることが決まった。

振り返れば、本来この時点でやめておいても良かったように思うが、この頃はまだアボット政権だったこともあり、安倍首相としても条件を承諾せざるを得ない心情だったのではないか。

しかし実際は、このターニングポイントから状況は明らかに変わっていた。独・仏は現地に入りロビー活動などを素早く進めていたようだが、日本は国会の動向や手続きなどで時間がかかり'15年5月にやっと参加を決め、コンペの資料を受領したのは6月になってからだったという。このあたりが「やる気がない」と受け止められたのだろう。

日本側としても、なぜこのコンペに参加するのかよくわからなくなっていったのではな

いか。海自の潜水艦はこれまで秘密の塊で、潜水艦乗りも口が堅くて物静かなタイプが多い。建造関係者も然りで、潜水艦については何事も「喋ってはならない」と教育されてきた人たちだ。それが世界の「武器商人」と渡りあおうというのだから、この舞台に立たされた人も苦行だったはずだ。

日本受注でも下請けに回らず

また防衛生産・技術基盤維持の観点から「輸出を促進すべき」という論理が成り立たないことは幾度も述べてきた。まして今回コンペになった大きな理由が豪州企業の関与を高めることだったため、受注しても約1千400社が関係するといわれている日本潜水艦の下請け企業には仕事が回ってこないという可能性が高い。一体、誰が得をするのか首を傾げる事態になっていたのだ。

そして'15年9月に豪州の政権が代わり、ターンブル首相が登場したことでますます豪州経済の再建や雇用の確実性が勝敗の分かれ目になった。

独・仏が盛んに有利な条件を提示するのを見て、日本も負けじと積極的に方針を示すようになる。1隻目から豪州で建造するための研修施設設置を始めとした、殆ど豪州の経済活性化政策といっていいものが打ち出されたのだ。これは輸出の話が持ち上がった当初に目指していたゴールをはるかに逸脱していた。

もはや「この競争に負けない」ことが目的になっていたかのようであった。潜水艦運用の主人公である海上自衛隊、そして防衛省と新設された防衛装備庁、経産省や外務省、また建造メーカーである三菱重工業と川崎重工業で思惑や認識がバラバラになっていったことはたしかだろう。

昨日までユーザーとメーカー、あるいは規制する側と管理される側、あるいはライバル企業で知的財産権もそれぞれ別だった各々が「豪州が買うから」という理由だけでオールジャパンチームを作った即席集合体なのだ。そこに、今さら後戻りできない官邸サイドの意向も加われば混乱の極みだったはずだ。

私は自衛官以外で潜水艦建造現場に入った希少な経験を持つが、狭い船殻という土管のような中に入り仰向けで行う作業は驚くべき細かい手仕事であった。その中で特殊溶接技能者は最低でも5年の育成プログラムを経て防衛省の技量資格を取得しなくてはならず、3か月間作業に従事しなかった場合はその認定資格が失効するという非常に厳しいものだ。

これを豪州には短期養成で実現してもらおうというのだからずいぶん乱暴だ。そもそもコリンズ級の苦しい可動率から、潜水艦乗員の教育訓練もままならず英海軍に頼っているという噂もあり、「造る」「動かす」の両面で、信頼性は未知数だ。

豪州は重要港を中国に貸与し

さらに、豪州には対中関係で大きな問題がある。'15年10月、ダーウィン港の99年にわたる長期リース権を約440億円で中国のインフラ・エネルギー関連企業「嵐橋集団」に貸与すると発表したことは衝撃的であった。ここは'11年にオバマ大統領が豪州を訪問した際、アジア太平洋回帰の一環として米軍の新たな拠点にするとした場所だ。

今後ダーウィンには2千500人規模の海兵隊員が巡回駐留するということであり、貴重な中国監視拠点である。そこを中国に貸し出すというのだから、オバマ大統領もさすがに怒り心頭に発したとみられ、ターンブル首相と会談した際「中国との契約は事前に相談してほしい」と不満を表明した。ところがターンブル氏は「新聞を読んでいればわかった情報だ」などと反論しているのだ。

中国ビジネスで成功してきた同氏にとって、また対中経済依存度の高い豪州にとって本当のところどちらが大事なのかはわからないのである。一方、韓国の国土よりも広いという豪国内の巨大牧場を中国企業が買収する話は、ご破算になったようだ。

とにかく様々な「訳あり」の国に、海上自衛隊が潜水艦の技術移転を進んでしたいと思うだろうか。一つの情報が隊員の命の重さであり、国家存亡にも関わることは改めて肝に銘じたい。今回の輸出計画で現地法人を作るなどした三菱重工はとりわけ大きな損失を出したのではないか。

また、防衛省・自衛隊にしてもかかった経費はかなりのものだろう。これからも同じようなチャレンジをするならば、民間企業を痛めつけたり税金のムダ使いをすることになりかねない。まずは他国が躍起になって売ろうとする完成品ではなく、搭載機器などから始め、経験を積んだほうがいいのではないか。

（2016年6月号）

南シナ海を守れ－米国支援体制が必要だ

人民解放軍の海洋進出が極まるなか地域国海軍による共同パトロールの議論も

’50年には米海軍と肩を並べる

中国の問題は、日本の安全保障に関わる諸問題のうちの一つである。ここしか脅威がなく、ここにだけ重点的に防衛を振り向ければいいと誤解されてはいけないからだ。

先般、北朝鮮が自らの存在をアピールするかのように「水爆」と称する核実験を実施したが、**日本にとっての脅威対象は昔からロシア、中国、北朝鮮であり、今後も変わることはない。日本はこれら3正面を常に警戒しなければならないのである。中国はあくまでそれらの一部分である。**

中国の海洋進出はしっかりとした計画に基づいている。’82年にすでに「海軍力を西太平洋およびそれ以遠に進める」という戦略ビジョンを明らかにしているのだ。3段階で構成されているそのビジョンは、第1段階は’00年を目途に千島列島↓日本↓沖縄↓台湾↓フィリピン→ボルネオを結ぶ線を「第一列島線」として、活動海域をそこまで広げるとした。

そして次に、'20年を目途にした第2段階では第一列島線の東側に位置する西太平洋まで活動範囲を伸ばし、伊豆半島、小笠原諸島、グアム、サイパン、パプア・ニューギニアまで広げた「第二列島線」を確立する。さらに第3段階は、'50年までに米海軍と肩を並べる海軍国となり、太平洋を席巻するということだ。

つまり、昨今の中国の目に余る行動も、全てはこの計画を忠実に実行しているだけなのである。その傍らで**'02年頃に人民解放軍の政治工作として登場した概念が「三戦」である。これは「世論戦」「心理戦」「法律戦」を駆使しつつ、国家目標を実現しようというものだ。**

例えば「世論戦」はメディアなどを通して自国に有利な情報を流し続け、人々に中国の主張をインプットすること。「心理戦」は尖閣諸島周辺の領海に執拗に中国公船を侵入させ、「領土問題が存在する」といい立てるなど圧力をかけること。「法律戦」は自国が作ったルールが国際的にも通用するものだと言い張ること——などだ。

南シナ海においてはこの「法律戦」がうまく使われている。南沙諸島のサンゴ礁7か所で埋め立てが行われていたが、これは正確には「人工島造成」であった。自国の領土でもないところに勝手に用地を建設したのだ。中国は、南シナ海中央部は自称「9段線」の内部であり、そこは中国の歴史的な水域であると主張し、その後にできた国連海洋法条約で否定されるものではないとしている。

オバマ発言が中国台頭の契機

そもそも岩礁を埋め立てるという方法で人工島を造成し、そこに軍事施設らしきものを造るなど明確な国際法違反だが、堂々とやってのけている。一方で、そこで領海やEEZ（排他的経済水域）を主張することで異を唱える国々の方が国際法違反であるかのように主張するのは、都合よく国際法を利用していることになる。われわれはいつの間にか「法律戦」に翻弄されているのだ。

南シナ海がこんなことになったのは、'74年にベトナム戦争が終わり、米軍が撤退するやいなや中国が武力攻撃により西沙・南沙諸島のベトナム領6つの岩礁を占領したことや、米軍基地がフィリピンから全面撤退した3年後の'95年、フィリピン領有の低潮高地のミスチーフ礁に漁船保護の名目で進出し奪取したことなどから始まる。即ち「力の空白」が中国の野心的計画を前進させたのだ。

岩礁は高潮時、水の中にあり、潮が引くと海面上に現れるもので、これは島でもなければ岩でもなく、国際法上、領海もＥＥＺも認められない。そのため中国は海底の土砂で埋め立てをし、人工島を造ったというわけである。これらの作業が急速化し、滑走路や港湾施設などの建設が進められるようになったのは、オバマ発言が大きな契機だといわれている。'13年の「米国は世界の警察官ではない」というあの言葉だ。

つまり米国の不作為が中国の台頭を野放しにしたのだ。安全保障で米国と歩調を合わせる日本は、自国の危機に繋がるにもかかわらず何もしてこなかった。ベトナムやフィリピンなど周辺国は軍事力が弱く、異を唱えても全く効果がなかった。これが、南シナ海をめぐる悲劇だろう。

そんな中、流れを変えたのは米国のＣＮＮテレビだった。米海軍が撮影クルーをＰ－８哨戒機に乗せてファイアーリークロス礁上空に向かうと、同機に対し中国側から警告が繰り返されたという。その様子に視聴者は驚愕し、オバマ大統領も行動を起こした。これが「航行の自由作戦」(米駆逐艦が人工島から12カイリの水域を航行)に繋がった。しかし、その姿勢がおよび腰であったことから、効果を疑問視する声もある。

国連海洋法条約では領海内でも無害通航は認められているため、米艦船が単に通過するだけでは無害通航であり、意味をなさない。何らかのアクションをとるべきだった、と。因みに'81年と'89年のシドラ湾事件では、同湾全域を領海と主張するリビアに対し、それは広すぎるとした米国は、空母機動部隊をこの海域に派遣し訓練を実施した。これに対し、迎撃してきたリビアの戦闘機2機を艦載機で撃墜した。リビアはその後、領海宣言を撤回している。

周辺国と連携して共同警備を

また、日本の態度もオバマを責められない。まるで「米国の」「航行の自由作戦」であるかのような感覚で捉えているようないい方がなされているが、**南シナ海は日本の原油の90パーセント近く、天然ガスの70パーセント近くを運ぶタンカーが通過するシーレーンである。**「航行の自由作戦」は関わる全ての国によって実行されるべきだ。

実質的に中国に単独で対抗できるのは米国しかなく、**日本を含む関係国は、米軍が迅速に展開できるよう支援する形でもいいと思う。防衛法学会の高井晋理事長は地域国海軍による共同パトロールや国連によるＯＰＫ**（海の平和維持活動）**を推奨する。軍事力が脆弱な周辺国に対しては能力構築支援を進めればいい。**

米軍の南シナ海への展開には今や周辺各国に前進基地たり得る所がない状態になっていたが、'15年、フィリピンにおける米軍の事実上の再駐留を可能とする「米比防衛協力強化協定」が結ばれることになった。反対派が憲法違反だと訴えていたものの、'16年1月12日にフィリピン最高裁で協定は合憲であるとの判断が下されたのは一つの朗報だろう。

中国によるこうした行動はまるでサラミをスライスするように実現していくため「サラミスライス戦術」と呼ばれている。今後は、南シナ海を望むロケーションである海南島へのSLBM（潜水艦発射弾道ミサイル）搭載の原子力潜水艦配備、南沙諸島に造成された滑走路への戦闘機配備、さらに防空識別圏（ADIZ）の設定などが想定され、それら1枚1枚のサラミを切っていくうちに、気付いたら目的を達成されていたということになってしまうのだ。

（2016年2月号）

自衛隊-中国「海洋戦略」の野望に備えよ

資源確保や台湾統一という大目標のために何としても尖閣を手に入れたいのだ

ハイテク条件下の「局地戦」で

パワハラやセクハラという言葉はあるが、国家によるハラスメントは何と呼べばいいのだろうか。中国が日本にしていることの数々は、まさにこれに該当する。

日本人の多くが誤解をしているように思えてならないが、抑止というのは相手の嫌がることをするのである。従って、究極の「ハラスメント」は何かと考えなければならない。いかにして中国に抗するのか、それは相手の嫌がることをするという誤魔化しのない前提から考えてみたい。

まず中国の軍事戦略とはどんなものなのか。**中国はかつては広大な国土を利用してのゲリラ戦を重視した「人民戦争」戦略をとっていたものの、'80年代前半からは領土・領海をめぐる紛争など局地戦への対処に重点を置くようになった。'91年の湾岸戦争以降はハイテ**

ク条件下の局地戦での勝利を目指し、能力向上を図る。

また、こうした物理的な面だけでなく、「世論戦」「心理戦」「法律戦」の『三戦』を'03年に改正された「中国人民解放軍政治工作条例」に政治工作として追加している。中国は「日本国内でも」「米国でも」着々と工作を行っている。「工作」という言葉に抵抗感を感じるようでは、その時点で負けてしまっているのだ。

「負けている」といえば、領土に対する認識度からして日本人は希薄だといわざるを得ない。これも日本人の中に認識の差があるように見えるが、まず、尖閣諸島が日本領土である理由がよく分からない人々が少なからずいるようだ。

これについては1895年、無人島だったこの島に日本人が定住し、戦後は沖縄本島と同様に米国の施政権下におかれ、沖縄返還の際に一緒に返還されていることからも明白である。中国が自国の領土だといい出したのは、国連アジア極東委員会によって、この海域に石油や天然ガスが豊富に存在する可能性があると報告された、そのまさに翌年からだ。

次に、この経緯はともかく、今は誰も住んでいないのであり、それほど拘らなくてもいいのではないかといった考え方も聞かれる。しかし、何もわが国は欲張って尖閣諸島を自国の領土だと主張しているわけではない。ことは自分の持ち物を取られたくないといった次元の話ではなく、もっと大きな括りで見るべきだ。
国際法上はいずれの国の排他的経済水域（ＥＥＺ）であっても航行の自由が認められているにも関わらず、中国は他国の軍艦の通行を認めないといった姿勢をとっている。もし、新たに島々を自国のものにすればエネルギーや資源を欲しいままにし、また、そこを拠点として自国のＥＥＺを（勝手に）拡大するだろう。そして、国際法を無視し、独自の法を持ち出して外国船の締め出しや恫喝などをする可能性もある。

日本は「フィンランド化」する

こうして周辺国の海上交通を支配し、さらに米国と対等な軍事大国を目指すために、核ミサイルを搭載した潜水艦を南シナ海に潜航させたいと考えていることは容易に想像できる。詰まるところ「南シナ海の聖域化」を達成し、東南アジア諸国は事実上、中国の意向に従わざるを得ないことになる。これは、かつてフィンランドがソ連の意のままになってしまったことから「フィンランド化」ともいわれる。いうまでもなく日本のシーレーンもここに含まれる。

中国の野望は東シナ海にも及んでいる。資源獲得や台湾統一という大目標からすれば疑

う余地はない。その意味で、南シナ海と東シナ海の間に位置する尖閣諸島は、中国としては絶対に手に入れたい拠点なのだ。

つまり、尖閣問題は日本の領土保全のみならず、周辺諸国の平和・安定に直結することなのである。日本が曖昧で緩い態度をとることは世界の勢力図を大きく変えることになる。

そのように責任重大であるという自覚を持たなければ「何がなんでも欲しい」中国と、「なぜ必要なのかイマイチ分からない」日本人では勝負にならない。国民の意識の面ですでに略奪されているようなものだ。

こうした強烈な海上勢力の拡大は、米海軍少将のアルフレッド・マハンのシーパワー論そのものだとしてチャイナ・マハニズムだと指摘する識者の声もある。つまり米海軍はその育ての親たるマハンと対峙することになるのだ。中国がこの野望を達成するために必要なのは、海域に及んでいる米軍の影響力を排除することだからだ。翻れば、米国が介入している間はおとなしくせざるを得ない。

もし、米空母が危険に晒されるミサイルを配備されたり、衛星を破壊されるなどということになれば、その介入コストは大きすぎることになり、米国の介在は期待ができなくなってしまう。よく「米国は日本を助けてくれやしない」などのいいぶんを耳にするが、自国民や本国に危機を及ぼしてまで他国に介入するなどということは、そもそも米国民が許さない。また、中国のロビイストもそれを助長するだろう。

米国の対中戦略が対話→力へ

中国は、ＰＫＯにのべ１万７千390人も派遣するなどして様々な国への影響力を強めている。これはまさに政治・経済・軍事戦略上の拠点（「真珠の首飾り」）を構築するというマハンの思想を実行している。すでにパキスタン、スリランカ、バングラデシュ、ミャンマーなどに港湾を整備し、ソマリアの海賊問題を口実にインド洋諸国にも触手を伸ばしているのだ。

「米国か、中国か」その二者択一に揺れる国々が増える中、米国は積極的にこれらの国への援助を打ち出しており、フィリピンとベトナムは米国との関係強化を進めつつある。中国はこの切り崩しに躍起になっている。わが国としても、今後はこれら諸国に対する資金援助や装備の供与、共同演習などを行い強固な関係構築を進めることが重要ではないか。

米国は'12年１月の新国防戦略でアジア太平洋地域への重点シフトを打ち出した。そしてそれを受けて国防総省はＪＯＡＣ（Ｊｏｉｎｔ Ｏｐｅｒａｔｉｏｎ Ａｃｃｅｓｓ Ｃｏ ncept）を公表。その中核になっている考え方がエアシーバトル（ASB）である。

米国の対中戦略はこれまでの対話主体路線から力の戦略へ転換しようとしているが、実際は財政赤字を抱えて軍事費の削減を余儀なくされている。もはや米国一国だけで中国の乱暴な振る舞いを抑えることはできないのだ。今後は日米同盟を含めた様々な国の連携、陸海空そして宇宙やサイバーといった各能力の統合であらゆる力を合わせることが何より求められよう。

さて、これも一部に誤解があるようだが、ASBは米国の概念であり、これを自衛隊に当てはめ、陸よりも海空重視だと捉えるのは間違いだ。**専守防衛のわが国にとって、海空による短期的対処能力だけでは、それ以上長期の事態には持ち堪えられない。より強力な陸軍力も、ハラスメントには不可欠である。**

（2012年10月号）

中国が窺う日本の最西端「与那国島」を守れ

中国が国際ルールを無視した暴挙に出るなか米海兵隊と連携し統合作戦を充実させよ

拳銃2丁で守られる国境の島

多分、日本人で与那国島に行ったことのある人は、ハワイに行ったことのある人よりも少ないだろう。それだけ日本人に知られていない「日本の島」である。

与那国島はわが国の最西端に位置している。どれくらい「端」なのかというと、沖縄本島から約500キロメートル、九州南端の鹿児島から1千キロメートルの距離だ。ちなみに台湾までは111キロメートルとほど近い。**'12年度予算ではその与那国島に、陸上自衛隊の沿岸監視隊と空自の移動警戒隊が配備されるための用地取得費10億円が計上された。**これはどういう意義があるのか。

与那国に行ってみると、車で1時間くらいあれば島を一周できるような小ささで、さりげなく与那国馬が歩いているなど、ほのぼのとした島である。しかし、〝人口流出〟が止まらないという深刻な問題を抱えていて、いまや約1千600人。島には高校がなく、中学を卒業すると島を出ざるを得ない。子どもだけを沖縄本島などに下宿させる余裕もないということで、家族ごと与那国島を出ていってしまうケースが多いのだ。

とはいえ、ここは国境の島、防備は万全であるべきだが、実情はこれまで自衛隊はおろか、駐在のお巡りさん2人だけ。「拳銃2丁で守られる国境の島」といわれていた。

そうした中、海岸で中国の船を発見した人がいるなど地元の人々の危機感の強まりと、経済的効果への期待感などから、'09年に町議会において自衛隊誘致が決議された。翌年の町長選では、自衛隊誘致を掲げた外間守吉町長が当選し、陸自100人規模の配備を目指すところとなったのだ。

一方中国は、こうしたわが国の動きとは比べ物にならないスピードで海洋進出を図り、国際ルールを無視した数々の所業も目に余る。

また、'12年1月5日の米国による新国防戦略では、中国に対抗できる態勢構築を急ぐ必要性が強調され、これまで以上に日本の役割に対する責任が重くなりそうな情勢である。

このような中国・米国の動向からも、人によっては、こんなチマチマした対処では足りぬと「尖閣諸島に自衛隊を配備せよ!」とか、「陸自は海兵隊にしてはどうか?」などといった案も唱えられるようになった。

しかし、いまは与那国島ですらこのようなお寒い状態であることを多くの日本人は知る必要がある。現在、与那国島から最も近い自衛隊基地は宮古島の航空自衛隊レーダーサイトだけなのである。それだけに、今回、空白の移動警戒隊が用地を取得し、レーダーをより前方展開することになったことは大きな前進だ。

F-15も到着までに時間がかかる

ただ、レーダーはあくまで情報をキャッチするだけで、不審な飛行機の接近が認められた場合、那覇の戦闘機がスクランブル（緊急発進）するという仕組みになっている。その場合、さすがのF-15も到着まで時間がかかるといい、将来的にはもっと近い場所に航空基地が欲しいところだ。

とはいえ、沖縄本島はもちろん、先島諸島《さきしま》（宮古島、石垣島、与那国島）で自衛隊あるいは米軍が何かしようとすれば困難を極めることは想像に難くない。相応の時間をかけても地元の理解を得ながら、空白を一つ一つ埋めるしかない。南西諸島の空白を埋めることは、中国が第一列島線から外洋に出るにあたっても、沖縄や尖閣諸島を守るにも有用であり、また、米軍を支援する拠点としても意味合いは大きいのだ。

拠点があれば次の展開が臨めるし、拠点がいかに重要かは、先の東日本大震災で全国の各部隊が東北の陸の拠点である駐屯地を目指して前進し、また被災者も収容したなどの経験からも分かる。

震災の教訓といえば、自衛隊が孤立した島に上陸できなかったという問題点もあった。そのため気仙沼大島では、米海兵隊の強襲揚陸艦「エセックス」に頼るところとなった。これはそのまま、島嶼奪還能力の欠如を示しているともいえ、早急に対策が施されるべき課題となった。

これをして、「陸自を海兵隊のように変えたら」などといった見解もあるが、それもまた極論である。

そもそも「海兵隊とは何か」という知識が、日本人にはあまり根付いていない。彼らは陸・海・空そして後方支援も一体的に運用する究極の自己完結能力を持つ前方展開部隊だ。

一朝有事には、まず先に米海兵隊が戦闘機や空母なども使って展開し、その後、陸軍（陸自）が入るという段取りになる。そもそも両者は違う役割を担う組織なのだ。

しかし、それでは日本に何かあったとき、米海兵隊員が先に血を流すことになり、日本も同じような機能を持つべきだという声の高まりから、島嶼奪還の訓練についても徐々に進められているところだ。

ただし、「専守防衛」のわが国にとって海兵隊同様の空母や強襲揚陸艦などは、攻撃的兵器と捉えられ、保有することが困難なのである。また、仮に水陸両用機能のある装備品を陸自だけが新たに保有しても意味がない。海兵隊はまさに統合部隊であり、わが国でいえば、陸・海・空自衛隊の総力となる。それは、現在進行中の統合運用そのものだといえるのだ。

「反対派団体」が動き出したが

わが国としていますべきは、陸自を再編成して海兵隊に変えるようなことよりも、統合作戦を充実させると同時に、海兵隊との訓練をさらに強化することなどではないか。

もちろん、法改正し、予算も大幅に増額して海兵隊という第4の軍を創設することができれば、それに越したことはない。

理想はともかくとして、現実的な話をすれば、いまのところ、強襲上陸能力を現有する米海兵隊は強力な抑止力となっている。日本が自らの手足を縛る法制度を変更しない限り、日米同盟をより確実にしていく努力が欠かせないのである。

そのためにも、南西諸島への自衛隊の配備、拠点の構築による支援体制の確立は意味が大きい。中国が太平洋に進出する出口に日本は位置するという意味で、日米同盟においても日本の存在が注目されるのだ。

ところが、ここに来て**与那国の町民1千600人のうち500人余が計画撤回を求め署名したとして、'11年10月に反対派団体が防衛省を訪れ、神風英男政務官と面会したという。**反対の理由は環境保護や台湾との関係云々というが、額面どおりは受け止められない。一部報道では環境問題などから「自衛隊誘致で島を二分している」としているが、土地の買収絡みという話もあり、改めて沖縄の複雑さを知る思いである。

与那国島という本土からはるか遠く離れた国境の島、そこで起きていることは日本そのものに関わる問題であり、尖閣諸島防衛のためにも自衛隊配備は欠かせない。情報戦に惑わされることなく、着実に進めるべきである。

（2012年2月号）

第5章

自衛隊の国際貢献と米軍の実態を知る

南スーダン「駆けつけ警護」の陥穽《かんせい》を衝く

安倍総理は安全が確保できなければ「撤収を躊躇しない」としたが問題は山積だ

日本の取り決めは「非常識」だ

「駆けつけ警護」が人道的観点からあるべき姿であることや、自衛官の「ここまで許してもらえればどうにかかする」感性で歓迎されているポイントを、3か月前に書いた。

概念に対しては「よりマシ」の観点から異論はないものの、PKOとの関わりについては多くの問題があるため、今回はそこに焦点を当てる。

まず、「自衛官の言葉をそのまま聞かないで」ということだ。

自衛隊の誰もがPKOを知っているわけではなく、むしろPKOを知悉する人のほうが少ないことがある。「助けなくていいのか」といった思いは尊いものだが、PKOの仕組みを把握せずに発言している場合があり、そのまま「自衛官の気持ちだから汲み取ってあげたい」とされてしまうと適切ではない。

私自身も南スーダンからの早期撤収を訴えると、様々な立場で公務に就き、熱意に溢れた若い人たちから反発されることもあり、志には敬意を表するだけに辛い気持ちになる。

次に強調したいのは、「国連は日本のいっていることをよく分かっていない」という現実だ。「駆けつけ警護」の説明を英語ですることは不可能だ。「Kaketsuke-keigo」はrescueでもevacuationでもなく、武器使用には制限があり、もとより自衛隊は実施計画や実施要領に記されていることしかできない（ポジティブリスト）という話は、ネガティブリストが常識の外国人にはサッパリ理解できないからだ。だから「駆けつけ警護」ができるようになりましたと自慢げに説明する必要はない、いや、むしろしないほうがいいと指摘する声もある。

外国人が知りたいのは「できないこと」だけで、「駆けつけ警護」を歓迎するのは、儀礼的にかあるいは全く勘違いして受け止めている可能性がある。また、日本の新しい取り決めは非常識でもある。現地の邦人を助けに行きたい、しかし現地住民や国連職員などはできない、といっているに等しいからだ。

自衛隊ＰＫＯ部隊はあくまでもＰＫＯの指揮下にあり、日本政府から「ＪＩＣＡの人を助けて」といわれても一度、現地指揮官にそれを命令化してもらう必要がある（仮に勝手に行っても国際法で罰せられるようなことはないが大顰蹙を買う）。

調整がうまくいってそれができたとして、その直後に国連職員が襲われているから助けに行ってほしいと同じ指揮官から指図があっても、政府軍が関与していれば自衛隊は行かれない（政府軍は「ＰＫＯ５原則」における「紛争当事者」にあたるため）。それがどう受け止められるのか――。ＰＫＦ（国連平和維持軍）では国籍や人種に関係なく、文民を保護するとしている。

「歩兵部隊派遣」と誤解を招く

確かに救出を「頼まれる蓋然性は低い」といわれている。しかし、この点についてもある落とし穴がある。それは自衛隊の部隊構成にある。日本は南スーダンという新しい国に対し「国づくり」の支援を行っていて、そのために派遣されているのは施設（工兵）部隊中心だ。

ただ、派遣部隊には普通科（歩兵）の隊員も入っている。これがもう一つの誤解を招くことに繋がるのではないかという考え方もあるのだ。

普通科隊員は日本部隊の警備にあたる。それはいいが、規模的に他国からは日本も「歩兵部隊を派遣している」とみなされるかもしれず、道路などを整備する施設部隊の派遣だから日本の「できない」は許されても、歩兵がある程度まとまって来ている（施設科300人弱、普通科60人ほど）となれば、何らかの期待を持たれてもおかしくない。

実際、国連南スーダン共和国ミッション（UNMISS）のマンデートは設立当初の「国づくり支援」から'13年12月の政府分裂に伴う騒擾を受けて「文民の保護」に正式に変更されている。こうしたことから国連安全保障理事会は、治安の悪化する首都ジュバとその周辺で、治安確保を目的とした4千人規模の地域防護部隊の派遣を承認する決議を、賛成多数で採決している。

そんな中で日本は、自衛隊の歩兵部隊はあくまで自分たちの警備で現地の治安確保とは関係ありませんと説明し、納得してもらってきたわけだが、そこに「カケツケケイゴ」なる新任務ができるようになったと申告すれば混乱を招きかねない。

こうした指摘もある中、'16年12月12日「駆けつけ警護」は運用開始された。11月15日に閣議決定された日の国会で安倍総理は「自衛隊の安全を確保し、意義のある活動が困難であると判断する場合は撤収を躊躇することはない」と述べた。5原則が満たされていても撤収する可能性を示唆したのだ。

積極的平和主義が重荷になる

実は南スーダンへの派遣を決めたのは野田政権であったが、その野田氏は、ゴラン高原PKOからの撤退を指示した経験を踏まえ、最高指揮官の慎重な判断を促している。

それは正論ではあるが、そもそも派遣自体をもっと慎重に考えてほしかった。また自衛隊のゴラン高原からの撤収は国内的には「危険を回避した」と評価できるが、対PKOとしてはダメージとなったことも否めない。その分、南スーダンからは引き下がれないという政府関係者の心情があるとすれば皮肉なことである。

最も心配なのは、'94年にルワンダで起きた悪夢の再来だ。ルワンダ首相の警護にあたっていたベルギー隊の10人が殺害されたことを受け、ベルギー政府は派遣部隊の撤収を決定する。2千人のツチ族が避難していた学校を警護していたベルギー隊は、学校がフツ族過激派に取り囲まれている状況だったにもかかわらず警護任務を放棄して撤収した。

その後、数百人の児童を含む約2千人が虐殺されたのだ。この顚末は当時PKO司令官だった元カナダ軍中将ロメオ・ダレール氏の『なぜ、世界はルワンダを救えなかったのか—PKO司令官の手記』に詳しい。なお同氏は帰国後、自殺を図りPTSDと診断された。

安全が確保できなければ躊躇なく撤収するというのが政府の方針であるが、その状況はまさに現地住民が危険に陥っている時に他ならない。自衛隊はそれを目の前にして撤収することになる。それは国際社会の信頼を失墜するだけでなく隊員たちの心にも大きな傷を残すことになる。

自衛隊はこれまできめ細かい貢献で現地で親しまれ高い評価を得てきた。最悪の時期の撤収はその全てを台無しにする。まともに給与が支払われず、その代わり女性をレイプしていいなどというのがいまの政府軍の実態だという南スーダンで、誠実に自国の憲法とも向き合う自衛隊に「積極的平和主義」を担わせるのは無理がある。「誤解を与えない編成規模」「分かりにくい説明は最初からしない」「撤収するなら平穏な時に」の提言を検討してもらいたい。

(2017年1月号)

自衛隊「駆けつけ警護」の誤解を晴らす

法改正で「自衛隊が何でもできるようになった」との報道もあるが大間違いだ

環境不足で射撃訓練は年1度

自衛隊による「駆けつけ警護」について各報道で賛否が分かれている。安保法成立のために尽力された方々には恐縮ないい方になってしまうが、いずれの立場からも「駆けつけ警護」は過大評価されている。

本来はもっとまともな議論をしたかったに違いないが、それをさせてもらえなかったので仕方がない。その「駆けつけ警護」に対する反論の中でも的外れなものと的を射たものがあるので、まずは見ていきたい。

「的外れ」なものは次のような「自衛隊員の声」を反対の根拠にしているケースだ。「海外派遣から帰ってきた後も銃弾の音が頭から消えず、悩む知人がいる」「(射撃訓練で)標的を円形から人の形にしたとたん、成績が落ちる隊員もいる」「撃てない隊員もいるだろうが、その時になってみないとわからない」等々だ。

自衛官、特に陸上自衛隊の隊員にとって銃は魂であり誇りである。それなのに、まるで「銃は悪い道具」という前提になっている。確かに銃による犯罪があるから銃は怖い、しかし包丁による殺人が起きたからといってそれを商売道具にしている板前さんから刃物を取り上げたりしないのと同じで、「引き金を引けるのか」という投げかけは自衛官に対して本来、失礼だという感覚が日本人にはあまりない。

むしろ問題視すべきは射撃の回数が年に1回程度しかないなど、教育訓練環境の不足である。実弾を撃つ現場にいれば音が脳裏に残り、銃撃戦の夢を見たりするのは驚くことではないし、人型の標的の中で指定された的だけを撃つ訓練は難易度が高く成績が落ちるのは当然だ。

それらを克服するために、数百～数千の弾を常に撃つべきではないか。精神的に耐えられないとか、うまくできないならばその人は自衛隊に相応しくないのであり、辞めるか職種を変えるべきだ。「そのときになってみないと、わからない」などということは、あってはならない。

そのために、訓練はもちろん事前の準備を万全にすることが不可欠であり、まして「選挙があるから」などと政治日程に振り回されて訓練ができないなど、言語道断である。

一方で、頷ける反論もある。今回の法改正では従来より踏み込んだ武器使用が可能となり、自分や自己の管理下に入った人を守るだけでなく、妨害する相手を排除する武器使用も認められるようになった。しかし、実際には通常の軍隊の標準と比べ、まだ抑制されたもので、相手に危害を与える武器の使用は正当防衛・緊急避難であることに変わりはない。

見殺しにするよりマシな改正

そもそも、派遣された地域で何か起きた場合、自衛隊に出動要請が来ることは考え難く、一義的には現地の治安当局や治安任務にあたる他国軍の歩兵部隊が対応する。たまま自衛隊が駆けつけるかもしれないという想定だが、可能性は低い。そうはいっても決めておかなければ何一つできないので、必要な法整備だが、この程度の変更では意味がないという人も多い。

反対する識者が指摘するのは、他国軍と基準が異なる自衛隊がかえって足を引っ張るということだ。相手より先に攻撃することが許されない自衛隊は事実上「駆けつけ警護」ができず、法改正はより事態を複雑にするという見解だ。正論だと思う。

しかし、**自衛隊の活動には理論では割り切れないものがある。それは現場感覚というものだ。もちろん、現場に派遣されたことのない私がいうのはおこがましいが、自衛官たちはこの感覚によって今回の法改正を「進歩した」と前向きに受け止めているのだと想像する。なにしろ、これまでは一緒に活動する他国軍に何かあっても見過ごすだけで全く行動が許されなかったのであり、その心中は耐え難いものだったからだ。**武器の使用に制限があるといっても「駆けつけられないよりはいい」という「よりマシ」論である。**机上の論理よりも「人の道」の話なのだ。**

また、自衛官は私たち一般人と比べ、「不自由」だと感じるレベルが違うことがたくさんある。とりわけ、たった1杯の水でも幸せを感じるような陸自隊員は、私たちと満足を感じる点に大きく差があるのではないだろうか。

今回の改正は、これまで身体を100本くらいのロープできつく縛られていたうちの1本が解かれたにすぎない。しかし、その評価が学者の先生たちとズレるのは、過酷な環境では半長靴を脱いで横になるだけでも至福の時と感じる人と、常にもっと満たされることを求めている一般的な感性との差であって、つまりは、この感性の違いを議論しても永遠に解決を見ないと私は思っている。

制限がかかれば何もできない

以上を簡単にまとめると、**「駆けつけ警護」は建て付けの悪い法であり、これは賛成派・反対派ともに同意することだろう。最も大事なことは、これをして「自衛隊が何でもできるようになった」などという見方をする人がいないようにすることだ。これは政府関係者や在外邦人に特にお願いしたい。**

忘れがちなのは、例えばPKOの活動はあくまでも国連の指揮下に入るのであり、そのルールに従わなくてはならない。行動制限がかかったら、日本が「駆けつけ警護」をしたいといっても許されない。仮に現地で何らかの事案が発生し、邦人輸送などを期待するならば別途部隊を進出させるのが理だが、そのためには現地政府の許可や地位協定の締結など手続きが必要になり、容易にはいかないだろう。

この問題では、JICA（国際協力機構）の理事長が'16年7月、南スーダンの状況悪化で関係者を国外退避させた際の課題を新聞紙上で語っている。しかし、日本までの飛行機について、これまで憲法上、長距離輸送能力が許されないことを問題視するのは分かるが、空港までの輸送について「JICAからの度重なる要請にもかかわらず、自衛隊による輸送は行われなかった」と批判している。同理事長はUNMISS（国連南スーダン派遣団）傘下である限り勝手には動けないと、現地自衛隊の置かれた状況に理解を示しながらも、「もう少し工夫の余地はなかったのだろうか」とも苦言を呈していた。

国連の規則に従っただけの自衛隊が責められるのは合点がいかない。国連は今回、住民や外国の援助団体などのメンバーがレイプされた際、救助要請があっても見過ごすなど救出活動はしていない。是非はともかく、日本はそういう実態のＰＫＯに参加しているのだから仕方がない。

「駆けつけ警護」の問題とはまた別に、この南スーダンＰＫＯに関しては民主党政権で決定したことでもあり、現政権下でアフリカとの関係云々とはいうものの、そこまでこだわる必要があるのか再考の余地があるような気がしてならない。

（２０１６年10月号）

日米地位協定─「知られざる誤解」を解く

日本だけが「見下されている」とする論調と現実にはギャップがある

女性が「夜1人で歩ける」環境

沖縄に行くと、平日であっても夜遅くまで10代くらいの若者が街中を出歩いている光景を見る。

子供たちが深夜0時過ぎにコンビニの前にたむろしているので沖縄に赴任したばかりの知人は当初、注意をしていたが全く無視され、最近は見慣れてしまったのだとか。もちろん沖縄といってもひと括りにはできないが「米軍兵士の犯罪が多発する地域」だと思い込んで行くと、南国的な大らかさと解放的な雰囲気に驚かされることになる。

その**沖縄で悪質な事件が発生した。**

'16年4月、嘉手納基地で働く軍属の男がうるま市内の路上でウォーキングをしていた20歳の会社員の女性を殺害・遺棄した疑いで逮捕された。容疑者のシンザト・ケネス・フランクリン（32歳）は乱暴目的で女性の背後から頭を棒で殴り、草むらに連れ込み刃物で刺すなどして死なせた疑いが持たれている。酷い事件だが、一方で女性が夜8時に一人でウォーキングに出かけていたことから、同地域で人々が安心して暮らしていたことを感じさせられる側面もある。沖縄はこの地の人々にとって「夜でも一人で歩ける場所」という認識なのではないか。それは東京で報じられている表情とはずいぶん違う。

この事件に対する反応や報道には違和感を覚えるものが多い。まず、シンザト容疑者は米空軍「嘉手納基地」で働く「軍属」であるのに以前、海兵隊に所属したということで「元海兵隊員」の肩書が強調されている。とかく「元自衛官」という表現が使われる自衛隊同様、任務上一般人とは違う立場と考えれば、百歩譲ってそのようないわれ方をされるのも致し方ないかもしれない。だが、それを飛躍させて「海兵隊は出て行け」などといい出す人もいて、論理も理性もあったものではない。

これがまかり通るなら、警察官や役所の公務員が罪を犯したら「警察は出て行け！」「市役所反対！」のデモを行うべきであり、職業によって差別があるといわざるを得ない。

もう一つ同時に「日米地位協定の見直しを求める」声が出ていることについても、どの点が問題なのか、今回の事件において何が阻害要因になったのか冷静に考えてほしい。

駐留が認められている外国軍隊と接受国には地位協定が結ばれ、公務中の行為については接受国の法令が適用されず、軍法会議で裁かれることは国際的なルールだ。

地位協定見直し論には無理が

一方で公務外の犯罪については日本に優先的な裁判権があるものの、米軍人の身柄の引き渡しは日本の検察が起訴した後ということで、これでは十分な捜査ができないと問題視される。ただ、外務省によれば、「派遣国が被疑者の身柄を確保している場合、接受国による起訴の時点まで引き続き派遣国が被疑者を拘禁する」という考え方は、NATO地位協定も採っているという。

さらにドイツに関しては、次のようになっているようだ。

「ドイツもNATO地位協定の締結国ですが、ドイツにおけるNATO諸国軍の地位についての詳細規定を定めているボン補足協定では、派遣国は判決の確定まで被疑者を拘禁できることになっています（同協定には、ドイツによる移転要請に派遣国は好意的考慮を払うとの規定もありますが、そもそもドイツは、同協定に従い、ほとんど全ての米軍人による事件につき第一次裁判権を放棄しています）」（外務省HPより）

また、米国が韓国と締結している米韓地位協定では、派遣国は、12種類の凶悪な犯罪の場合は韓国側による起訴時に、それ以外の犯罪については判決確定後まで被疑者を拘禁できるとされ、日本だけが「見下されている」とする論調と現実は異なる。因みに自衛隊がどこかの外国に入る場合も、地位協定締結は不可欠だ。

しかし、いずれにしても今回の事案では容疑者は「公務外」の「軍属」であり（正確にいえば「軍属」の中でも容疑者は民間会社に雇用された文民である）、地位協定は及ばないと考えていい。また、この事件を受けてカーター米国防長官は中谷防衛大臣に、シンザト容疑者について「日本の法制度に基づき責任が問われることを望む」と伝え、国防総省は捜査に全面協力すると改めて約束した上で、再発阻止に向けて「できることは全てする」と語った。

このような米側の全面的な協力体制もあってシンザト容疑者は逮捕時から沖縄県警に身柄を引き渡されていた。つまり、今回の事件を受け「地位協定の見直し」を訴えることは、やや無理があるだろう。その後、両トップはシンガポールで会談し、軍属の対象範囲を狭める検討を開始することで合意したが、今回のように米側が協力的な対応をすれば、地位協定を改定するまでもなくケースバイケースの運用で実質的には日本側に不利益はないと考えらえる。

「日本の量刑は軽すぎる」とも

しかし日米政府関係者に追い打ちをかけたのは、まだこの事件の哀悼期間であった'16年6月5日に、やはり嘉手納基地の海軍兵士（米海軍のP‐3C哨戒機などもここを拠点に活動している）が泥酔状態で国道を逆走し男女が重軽傷を負う事件を起こしたことだ。

これを重く受け止めた米第7艦隊は「基地内外の飲酒を即時禁止し、基地外での自由行動を全て制限する」と厳しい措置を実施した。在日海軍司令官のカーター少将も「我々の行動が日米関係に及ぼす影響や日米同盟全体について、兵士ひとりひとりが理解する必要がある」と述べた。駐留米海軍約1万9千人全員がこうした影響や米軍の役割が理解されたと司令官らが判断するまで、無期限の「飲酒禁止」となった。

出航時、艦内は禁酒で、上陸時に好きな物を飲食することは彼らの唯一の楽しみだ。横須賀で牛丼やカレーライスを楽しむ姿をよく見かけた。非常に厳しい措置である。

しかし、もとより彼らは平素から極めて厳しいルールの下で行動していることを日本人はあまり知らない。米軍基地内での規則の細かさは、米軍と自衛隊が共用する場合は自衛官のほうが辟易するぐらいだ。

基地内の車両運行速度を少しでもオーバーすれば警務隊が飛んでくる。ゲートでの飲酒呼気検査でぶどうパンを食べた自衛官が捕まったという話も聞く。一方で車社会の米国では基準値以下の飲酒運転は黙認されている地域もあり、文化の違いを埋めるため日本赴任時にまず道交法の教育を受け、実技も含めた運転免許試験に合格する必要がある。殆どの在日米軍人はこれをクリアしている。

また、**なぜか多くの人が日本の司法のほうが厳しいかのような先入観があるようだが、米国では未成年者に対する強姦事件では終身刑などの重罪もあり得る。よく引き合いに出される'95年の少女強姦事件は米軍内で「日本の量刑が軽すぎる」といわれているといい、これも日本では知られていないことだろう。**


（2016年7月号）

自衛隊ー「日米韓の連携」がアジアを救う

「中国化した朝鮮半島」がわが国の目の前に現れれば安全保障上大問題に

日本の安全に関わる朝鮮半島

北朝鮮による水爆と称する核実験やミサイル発射が立て続けに行われた。あらためて、日本は自国をどのようにして守るのだろうか。

繰り返し述べてきたつもりだが、ミサイルディフェンス（ＭＤ）はあくまでも次善の策であり、普通に考えればこちらも核武装し、長距離弾道ミサイルを保有する必要性がいわれて当然だが、むしろ聞かれるのは「ＰＡＣ３はちゃんと当たる？」などといった類が多い。わが国の置かれている危機的状況がいかに理解されていないかを思い知るばかりだ。

テポドンの射程が何キロメートルだとかノドンはどこまで飛ぶとかいう話ではなく、いかなる軍事的対抗手段が有効か、その整備をするためにはどうしたらいいのか、障壁になっているのは何か、それらを提起することのほうがよほど大事ではなかろうか。ともあれ、今回は

ミサイル対処よりも、その前提としてまず知っておくべき日米韓の関係性と現状を見ていきたい。

在韓米軍は一連の米軍削減のご多分に漏れず、リストラが進んでいる。朝鮮戦争時に遡れば35万人が韓国に駐留していたが、現在は2万8千500人だ。日本にとって朝鮮半島はロシア・中国との間合いをとる「バッファーゾーン」であることからも、ここに揺るぎない抑止力が働いていることが望ましいが、戦力は着実に削がれているのだ。因みに、日韓関係を語る際にその歴史観で齟齬が生じていることはご承知の通りだが、そもそもかつて日露戦争に勝ったものの「これから先が怖い」という感覚に、当時の人々が襲われていたことが全く忘れられているようだ。

大陸正面へのバッファーゾーンは自国防衛に絶対不可欠のものとなり、1910年の韓国併合、1932年には満洲国を建国したのである。

つまり、わが国にとって朝鮮半島は昔も今もその位置付け・重要性は変わらないのである。この意味合いからすれば韓国が「中国寄り」になっていることはバッファーの意味をなさないことであり、もっと警戒心を持たねばならないだろう。さらにいえば「朝鮮半島統一」ということも日本にとっては重大な問題となる。仮に韓国が主導する統一がなされたら、在韓米軍はその存在の意味を失い完全撤退し、即ち「中国化した朝鮮半島」がわが国の目の前に現れることを意味するからだ。

そのような事態となった場合に、もし沖縄の海兵隊がいなくなっていたら、日本がいかに脆弱な状況に置かれるか計り知れない。そうならないためにも、ある意味、北朝鮮が韓国にとって脅威であり続けることが日本の防衛に資するという、皮肉的な現実もあるのだ。

韓国がTHAAD導入に進む

在韓米軍は昨年夏に大きな転換期を迎えた。韓国にいた米陸軍第2師団隷下の三つの旅団のうち一つはすでに母国に戻り、もう一つはイラク戦争に投入されていたが、残りの一つについても'15年6月で米国に戻り、その代わり米本土から交代部隊が9か月ごとに派遣されるローテーション配備となっている。人員については、さすがに'08年の日韓首脳会談において「この規模を維持することが適切である」と両国間で確認されたため、おそらくこれ以上減ることはないだろうが、この合意は日本にとっても重要だ。

このように、**日米韓はトライアングルの関係でなければならないことは明確であるが、問題は日本による米軍などへの後方支援等の協力は「周辺事態法」で可能となり、さらに**

今回の安保法制により「重要影響事態」となれば領域外でも可能となったが、対韓国については この範囲ではないため、後方支援のための協定を締結する必要があることだ。

自衛隊と韓国軍で糧食や燃料などを融通しあうＡＣＳＡ（物品役務相互提供協定）の締結や、日韓で秘密を直接共有するためのＧＳＯＭＩＡ（軍事情報包括保護協定）の締結が急がれるのはこのためだ（その後、'16年12月に締結）。

日本も韓国からの情報が重要だが、韓国に日本が提供できることもある。これらの進行が遅れ、また自衛隊と韓国軍の交流が日韓関係悪化により途絶えていたことは、両国にとって何のメリットもなかったといっていい。

もちろん、日本側は対話の窓口を常に開いていたが、韓国側が「従軍慰安婦」という事実ではないものを盾に良好な関係を拒んできた。

これは安全保障上の観点から全く理解し難く、思慮を超えて感情に支配されてしまうか、あるいは日韓が近付いてほしくない何らかの力に操られているのかとさえ思ってしまう。

だが、北朝鮮の水爆実験の前に慰安婦についての日韓合意がなされたことは事態を大きく変えた。

また、韓国はこれまでTHAAD（高高度迎撃ミサイルシステム）導入を躊躇してきた。中国がXバンドレーダーによって、自分たちのミサイルなど軍事力を監視されると反対してきたからである。しかし、今回の北朝鮮ミサイル発射により、韓国が導入に前向きな姿勢を示したことは、周辺国のパワーバランスのためにも大きな前進となった。

在韓米軍の配置にも「変化」が

私は、そのために日本が歴史認識（事実）について安易に妥協することは正しいとは思わないが、安倍政権の巧みな駆け引きで、後に「これは妥協ではなかった」と評価されれば日本が一枚上だったといえる。

いずれにしても、THAADなどのミサイル防衛にしても地上戦力にしても韓国の国防は今なお米軍頼みであることは変わりない。そしてそれは日本にとって悪いことではない。

米韓両国ではかねてオペレーション・コントロール（戦時作戦統制権）の韓国への移管が検討され、'15年に実現することになっていたが、延期が決まっている。韓国が、キル・チェーン（KAMD）と呼ばれるミサイルなどの先制打撃システムやミサイル防衛システム（BMD）の整備を完了させるまでということなので、大幅に遅れることになるのだろう。

また、在韓米軍の配置についても注視しておきたい。'03年に韓国全土に分散している米軍基地の統廃合・再配置が合意され、ソウル中心部の龍山基地を南部の平沢地域へ移す計画や漢江以北に駐留する米軍の漢江以南への移転などが決まったが、移転費用が増加しているという理由で遅々として進まなかった。そのうちに、戦時作戦統制権の移管延期が決まり米軍要員が龍山基地に残留する必要が生じたことや、北朝鮮のミサイルの脅威が増大していることを受け、対火力部隊を漢江以北に残留させるなど計画は変更された。

日本国内では策源地（後方基地）**攻撃や核武装、邦人救出など色々なオプションについて話題になる。まずは在韓米軍の動向、それに対する韓国の姿勢、有事において韓国が日本をどれだけ受け入れるのかなどの分析をした上で、論議する必要がある。**

（2016年3月号）

米「海兵隊」を知らずして軍事を語るな

戦闘任務だけではなく災害対処や人道支援「911フォース」としての活動も

対日戦で始めた水陸両用作戦

かねてより、「陸上自衛隊の海兵隊化という表現はおかしい」と述べてきたが、どうしても日本人にとっては海兵隊とは何かが、分かり難いようである。本来、この知識が自衛隊や日米同盟を語るには不可欠であり、日本人はぜひ米海兵隊のことを良く知り、その上で論ずるべきだと思う。

政治社会学者の北村淳氏が著した『アメリカ海兵隊のドクトリン』（芙蓉書房出版）によれば、米海兵隊は「米軍の先鋒部隊として、世界中に出動する最強の軍隊」という位置付けであり、かつては、硫黄島の戦いや朝鮮戦争における仁川上陸作戦のように、水陸両用強襲上陸……という印象があったが、昨今では世界各地の紛争に対する「即応部隊」としての存在意義が大きいという。

海兵隊の誕生は1775年で、当初の任務は海軍艦艇の警察官のようなものであったが、そのうちに任務が変化していく。第一次世界大戦においては、ヨーロッパ戦線に加わり、陸軍と変わらない戦い方となったため、陸軍と海兵隊にはわだかまりが生じたといわれる。

しかしその後、あることがきっかけで、海兵隊に新たな存在意義がもたらされることになる。それは、日本による島嶼統治であった。

「近い将来、太平洋で日本との軍事衝突がある」

それが、軍関係者たちの見立てであった。

その頃から、米海兵隊では水陸両用作戦を考え出し、試行錯誤を始めていた。それを具現化したのは、紛《まぎ》れもない対日戦であった。ガダルカナル戦をはじめとする激戦で、米海兵隊も数多くの血を流し、島嶼における水陸両用作戦を確立させていったのだ。

ベトナム戦争からは、上陸作戦は行われず、ヘリコプターの本格運用が始まったことから、ヘリの輸送力を活かし、紛争地帯に素早く展開する即応部隊としてのカラーを色濃くしていった。これが、現在のMAGTF（海兵空陸任務部隊）の概念となっている。

そして、日本ではあまり認識されていないが、彼らは戦闘任務だけではなく、災害対処や人道支援活動についてもその即応力を活かし、世界に展開していることから「911フォース」とも呼ばれている。911とは、日本の110番や119番に相当するものだ。

そもそも海兵隊は究極の自己完結組織で、艦艇こそ海軍が運用するものの、そこから上陸した海兵隊の歩兵を、艦上から航空機で飛び立った海兵隊航空機や、海兵隊による火砲で支援する。しかし、実際にはこうした上陸作戦は湾岸戦争以降、行われておらず、災害対処や平和維持活動の方で発揮されているという。世界中に素早く投入可能な海兵遠征部隊（ＭＥＵ）が艦隊に乗り込み、世界の海に展開しているのである。

地域の清掃や英語教室で交流

今まさに陸上自衛隊が、水陸両用機能や島嶼奪還能力を向上させようとその訓練や装備といったノウハウを米海兵隊から学んでいる。米海兵隊の水陸両用機能発展の背景に、かつての日本による島嶼統治があったことを考えると、壮大な歴史ドラマを見るようである。

「真実を伝えてもらえないのです」

私は先日、沖縄のキャンプシュワブ、そして普天間基地を訪問したが、海兵隊関係者から異口同音に聞かれた言葉だ。彼らのいう真実とは一体、何なのか――。

キャンプシュワブについて意外だったのは、1956年に当時の久志村が、在琉米国民政府に対し基地誘致を要請し、誕生していることである。誘致により、当時この地域ではインフラ整備や、住民の雇用促進などの波及効果が認められている。少年野球チームも結成され、第3海兵団主催のリトルリーグもある。

一方、普天間基地も、周辺はほとんどが農作地だったが、段々と住宅などが増えていったことは、地元の人なら良く知っているはずのことなのだが、あまり指摘されていない。

海兵隊と地元との交流やボランティア活動などは非常に盛んで、海岸や公園など地域の清掃やゲートボール場の整備、児童・生徒、また社会人向けの英語教室。養護施設などへの訪問。休日の多くをこうした活動に費やしているのではないかというほどだと知った。

「海兵隊のことを日本人は、『ならず者』のように捉えてしまっているようなのですが、実際にはとても厳しい規律があるんです」

米軍関係者に聞くと、海兵隊の厳しさには皆、一目置くところのようだ。入隊基準は年々厳しくなっているといい、前科がある場合は不可、一定以上の学力と精神的・肉体的健康も求められている。昇進には修士号や学士号が左右する。極めて折り目正しく、最近では煙草を吸う人すらあまり見ない。

報道と全く違う「現実」がある

「では、なぜ米兵による犯罪が後を絶たないのか」という問いをよく聞かれるが、それは米兵を自衛隊員に置き換えても、あるいは公務員といい換えても同様であろう。数万人という大規模の組織においては、避けがたいことだといってもいい。

実際に統計を見ると、海兵隊を含む駐留米軍の犯罪発生率は、地元沖縄住民の半分以下なのだ。そして、万が一、犯罪を犯した場合は、軍事裁判で裁かれ、これは民間よりもはるかに重い罰が課される。とはいえ、なかなかそのような事実を、自分たちから対外的に発信することはできないだろう。

基地反対運動について聞いてみると、ここにも意外な事実があった。

一部の過激な活動家が、米兵の車に蹴りを入れたり、女性兵士に砂を投げつけるなどもあったようだが、「それはほんの一部、ほとんどの沖縄の人たちは穏やかで優しい人ばかりです」と米軍関係者は口を揃える。いつからか、地元の人々が週末に、活動家が基地のゲート付近に残したゴミを掃除するようになり、これが米軍兵士たちとの定例活動となっているという。大切なコミュニケーションの場だということであった。

「不安を抱えてやって来た私たち家族に、近所のお母さんが蕎麦を作って持ってきてくれ

たり、沖縄の人々の人情に触れて、この地が大好きになりました」（前出の米軍関係者）

乱暴者の米兵と、激しい抵抗と要求ばかりするように見える沖縄県民、報道ベースではそんな印象を持ちがちであるが、全く違う現実が沖縄にはある。あの、国民を巻き込んだ悲惨な沖縄戦も、実際は「故郷を渡せない」という信念で自ら壮絶に戦った県民がいたことも事実である。

かつての日本軍や米軍＝加害者、県民＝被害者という構図は真に沖縄の人々が望んでいる姿だとは思えない。今回の沖縄での経験を通じて、表面的な議論に惑わされず、人間の真心やそれに伴う行動だけを信じようという思いを新たにしている。

（２０１４年７月号）

米「有償援助2千億円」− 未精算を活用せよ

本来は防衛予算なのに返納されると財務省の国庫に入ってしまうのはおかしい

米側主導のＦＭＳ契約の実態

噺家の三遊亭白鳥師匠の新作落語に『おばさん自衛官』というのがあるが、防衛行政にもある種、小姑的な感性がもう少しあってもいい。もちろん、これはわが国独特の事情で、防衛費はＧＤＰの１パーセント枠内といったしばりがあるからだ。それを取り払っていいのならば、すぐにでもなくしたいが、防衛費の増額はこれから先ますます必要性が増してくることは確実と思われる。こちらはぜひ実現してもらいたいものの、今現在しばらくは定められた範囲内でやるしかないのが実情だ。

まず、私としてはかなり無理をして（?）小姑的見地に立ち、指摘しておきたいのは、決して反米的な立場ではないが、米国絡みの予算の使い方である。日米同盟や集団的自衛権に鑑み、ＳＡＣＯ（沖縄に関する特別行動委員会）や基地対策など仕方がない捻出はあるとしても、工夫の余地がある。

かねて**会計検査院からの指摘も受けているが、米国からのFMS**（有償援助＝Foreign Military Sales）**による防衛装備品や役務の調達についての未精算金の案件がある。FMS契約は価格、納期、条件全てにおいて米側が主導権を持つものである。**しかし、自衛隊のルーツを辿り、そもそも敗戦で何もないところへ、米軍から装備の無償貸与を受けて始まった経緯を考えれば、それが有償になったことはやむを得ないと考えられなくもない。日本はまだまだ弱いといわざるを得ないのだ。

会計検査院によれば平成24年度末現在で、2千282億7千366万円余りという金額が未精算だという。未精算額は防衛装備品の調達よりも、共同訓練や演習など役務の調達の方が多いといい、これは防衛装備品と違い、提供される内容が形に残るものではないことも理由のようだ。またその内容や完了した時期を確実に確認することが難しいことや、米国の会計システムの変更なども要因としてあるようだが、根本は考え方が日本ほど厳密ではないことが大きい。

いずれにせよ、こうした事情から精算が遅れることが多くなっている。精算とは何かというと、そもそもFMSは前払い制であり、燃料の高騰等を考慮し予め多めに見積もった額を支払い、後で残金を返納してもらう仕組みとなっているため、払い過ぎた額を返納してもらわなくてはならないケースが多いのだ（稀に足りなくなってしまう場合もあるようだが…）。

豪華米軍住宅も空き家だらけ

その過払い分が積もり積もって2千億円余となった。しかし、問題の核はむしろこれからだ。今回、会計検査院が指摘したことにより、精算が進んだとしても、日本の予算制度上、すでに年度の防衛予算は決まっていて、そこに戻すわけにはいかないのである。そのため、その納入先は防衛省・自衛隊ではなく国庫になってしまうのだ。

しかし、このお金はそもそも過去の予算審議を経て決定された防衛予算であり、それを国庫に返納するのは、どう考えてもおかしい。これらは、自衛隊や有事の日米共同作戦に備え有意義に使われるべきである。

それに、国庫に納入すると日本に返還する際、ドルを円にするための手数料がかかることや、為替レートに振り回される面もあり、この浮いているお金は、わざわざそのような手続きを経てまで防衛と無関係の所に吸収される必要はない。米国にプールし、「FMS

基金」として活用できるような仕組みにするべきだ。

そして次に、同じく米軍関係ではあるが、こちらは住居に関してだ。

米軍基地はどこに行っても多くの立派な住宅が並んでいるが、実際の入居率は高くない。先日、横須賀米海軍基地に入ったが、新築の共同住宅も建っていたものの、米軍関係者たちは、どちらかというと基地の外に住みたがるということであった。

やはり、せっかく日本にいるのだから、基地の中だけではなく外で生活し、日本人と交流したいという気持ちもあるようだ。それは歓迎すべきことだと思うが、その場合は多額の住居手当が出ることになる。そのため、基地の外に住む人が増え、基地内の豪華な住宅が空き家になってしまうのだ。

この影響で横須賀付近では、マンションや一戸建ての家賃が高騰しているのだという。また、神奈川県の池子住宅地区では、854戸の住宅のうち、約200戸は空き家になっているといわれているが、さらに新たな米軍住宅を建てる計画もあるようだ。

これらはわが国の防衛予算から捻出されており、いずれも、共産党や社民党が国会で問題にしそうな話であるが、だからこそ、無駄遣いといわれないよう方策を模索すべきではないかと思うのだ。

米軍住宅の空き室を自衛官の住居として有効利用するとか、あるいは、そもそも手当が厚ければ外に出ることを奨励しているのと同じようなものなのだから、米軍側にも基地内の住宅への入居促進をしてもらうとかである。現に米軍の高官に状況を説明したらすぐに改善された基地もあるといい、臆さずにいえば分かってくれる人もいるだろう。

防衛関係の税制も検討すべし

自衛隊ではこの度、官舎の値上げに伴い、基地等から2キロメートル圏内の緊急参集要員は無料となったが、それ以外は駐車場の値上げなどもあり、トータルで支出が増えている。まして、給与削減もあったことから生命保険を解約したりして凌いでいるなどといった話も聞く。ならば米軍住宅を活用する手もあるのではないか。家賃はどうするのかとか、どんな人が入れるのか、など様々なスタディが必要になるだろうが、アンバランスな状態が続くよりは、何か突破口を開く試みが求められるところだ。

最後に、税制の問題もなんとかしたい。自衛隊では装備品や燃料費全てに課税されており、かねがね述べているように、防衛予算や中期防衛力整備計画が増えているといっても、増税分も呑み込まれていることが全く問題視されていない。防衛省・自衛隊そのものも増税分の負担を負うが、防衛産業も材料費等にその増加分がかかるのであり、それらをどれだけ面倒みるのか国として考慮しているとは思えない。

しかし、この大きな理由は企業がこれまで訴えても通らず、防衛省も財務省に受け入れられないだろうということから、諦めていることが大きい。

最近「女性の進出」を促進するということであるが、今回紹介したような、いわば「貸しを作っておく」といった感覚はあまり女性にはなく、どちらかといえば男性的な感性ではないかと個人的には思う。

従来は、そんな「塩梅」の関係が、むしろ日本らしいことであり、私自身もよく分かるのだが、男性社会でなくなりつつあるということは、そうした価値観が変わることでもある。「男同士の約束」のようなものが認められない中途半端な世の中になっている覚悟を持たねばならない。


（2014年6月号）

オスプレイ―「海兵隊パワー」を飛躍させる

「危険」という印象が浸透しているが米国はトライ&エラーを繰り返してきた

ダ・ヴィンチも驚きのコンセプト

最近、知人に勧められ『零式艦上戦闘機』（清水政彦著　新潮選書）を読んでいたら、「確かにそうだな」と、分かっていたようで、忘れていたことを思い出した。

それは、1941年1年間で、海軍だけで200人を超えるパイロットが事故で殉職しているという事実だ。

航空機の開発や訓練という段階での事故はつきもので、場合によっては戦争よりも犠牲者数が多いともいえる。見方を変えれば、多くのパイロットがその命に代えて一つの航空機を造り上げていくという真理がこの数字から見て取れる。しかし、戦争をしているわけではない今の日本人に、そんなことをいっても理解されるのは難しいだろう。

懸案事項である米軍の垂直離着陸輸送機MV‐22オスプレイ配備について、森本敏防衛大臣は沖縄の関係者を説得に回っているが、現地での反応は相変わらず厳しい。

そもそも普天間基地の移転が滞っていることが問題の根源なのだが、そんなことはどこかに忘れたかのように「危険だ」「なぜ今までこの問題を放置したのか」といった声が聞こえるのはやや不可解でもあるが、それはさておき、直面している「オスプレイ問題」とはどんなものなのか、検証してみたい。

再三、テレビなどで流れているのでその姿形を目にした方も多いと思うが、オスプレイは回転翼を上に向ければヘリコプター、前方に向ければ固定翼機というまったく新しい構想の航空機である。ヘリコプターの産みの親といわれるレオナルド・ダ・ヴィンチもさぞかしビックリしていることだろうこのコンセプトは、ヘリコプターの速度と航続距離に限界がある点、固定翼機の垂直離着陸やホバリングができない点、この互いの足りない部分を補うものである。

米海兵隊は長年使用してきたCH‐46輸送ヘリを早期にオスプレイに更新したい考えだ。それもそのはず、CH‐46は機齢が40～50年になっており、それだけに故障も発生する。彼らにしてみれば、古いヘリを騙し騙し運用するより、オスプレイを導入することのほうがはるかに安心、安全なのだ。

そして、オスプレイ配備は単に古くなったヘリの更新の必要性だけではない。CH‐46と比べて航続距離が約5～6倍、行動半径が約4倍、速度は約2倍、搭載重量は約3倍といった機能が意味するところは極めて意義深い（因みにオスプレイの騒音はCH‐46よりも少ないという）。

「事故率」が高いわけではない

まず、空中給油をして朝鮮半島を無着陸で往復できることは半島有事の際の邦人救出にも有用であり、南西諸島防衛では強力な味方となる。もちろん、災害発生時には広範囲でスピーディな輸送能力を発揮し、医療支援にも期待が持てるだろう。

つまり、これからの海兵隊の運用にもわが国の安全保障においてもオスプレイの導入は急務といえるのだ。当然、自衛隊の「動的防衛力」の構築にも大きく影響するだろう。

ところが、問題は「オスプレイは危険」という印象が日本中に浸透していることだ。

オスプレイ（のような航空機）の構想が始まったのは'40年に遡る。最初は米陸軍と空軍、そしてベル社による共同計画だった。その後も研究は持続され、プロペラだけでなくエンジン全体を回転させるティルトローター機を完成させ、米国防省は正式な開発を発表する。'81年のことである。

つまり、米国は30年もかけてトライ&エラーを繰り返しながらこの機の運用に漕ぎ着けたことになる。先日、ある会合で出会った海自OBの方はすでにリタイアして長年経つようだったが、現役の頃からオスプレイの安全性についての議論があったとして、「米軍の熱意と執念には頭が下がる」と敬服していた。一時の感情論に流されることなく、将来の安全保障環境に必要と見れば諦めない、そんな国としての姿勢が、この歴史に垣間見られるのだ。

しかしながら、これだけ「危険」「後家作り」と報じられているオスプレイが近くを飛ぶとなれば、不安になることも確かである。

開発段階では'91年に墜落事故を起こして以降、翌年には乗員7人が死亡する事故、'00年の墜落事故では19人が死亡、同年12月の事故で4人が死亡した。さらに量産が決定してからは、'10年に、これは空軍仕様のCV-22が墜落し4人が死亡し、今年は4月のモロッコでの墜落で2人が死亡、6月にはCV-22が死亡者は出なかったものの、5人が負傷する墜落事故を起こしているのである。

しかし、オスプレイが他の航空機と比べてひときわ危険なのかといえば、そうとも限らない。

これだけ続いていると、かなり事故を起こしている印象を持つが、『Ｊウイング』'12年８月号（イカロス出版）によれば、３件目の事故発生時でのデータはＦ‐16やＦＡ‐18よりも悪い数値ではあるが、Ｆ‐14よりは良いことが分かる。また米海軍が発表した「Ｖ22 Ｏｓｐｒｅｙ２０１０ Ｇｕｉｄｅ‐ｂｏｏｋ」によれば、当時でＶ‐22の重大事故発生率は飛行10万時間あたり77・3件であるのに対し、Ｆ‐14Ａは78・7件、ＣＨ‐53Ｅは159件と、他機種と比べてオスプレイが突出して事故率が高いとは決め付けられないデータもある。

「政治のエスケープ」を許すな

こうした資料から読めるのは、「オスプレイが安心」ということより以前に、どんな航空機でも事故のリスクを背負っているということだろう。100《パーセント》安全なものはないのだ。

一方、このところ物議を醸しているのはオスプレイの「オートローテーション」機能である。これは飛行中に万一エンジンが2基とも止まってしまった場合（オスプレイは双発機）、緊急着陸のため空気の力でプロペラを回転させることで、民間ヘリには安全上義務付けられている。

オスプレイにはこの機能がないのでは？　と問題視されているようだが、米国側はティルトローターという特殊な機能から、オートローテーションによる着陸は要求から削除されたとしている。つまり、もしも2つのエンジンが停止したら、固定翼モードに切り替えて滑空着陸を試みる。ただ、この転換には12秒かかるとされており、低空を飛行中だった場合は危険性が高いのではないかという懸念も出ている。そもそもエンジンの安全性や双発であることの意味などに理解を得るべく、この点での説明は必要となってくるだろう。

さて、'12年7月12日付産経新聞の宮家邦彦氏によれば、**世界の外交官の目には、日本が地方自治体に配備の拒否権を与えているように映るようだ。**

しかし、実際には地方はそのような権利を有していない。つまり「地元の同意を得なければ」というのは政治のエスケープと捉えられても仕方がない。つくづく「国の責任とは何か」を考えさせられるものだ。

（2012年8月号）

第6章

わが国の平和はわが国で守る

「国の防衛力」支える装備品開発が進む

護衛艦に搭載されていたエンジン部品の国産化が認められ防衛産業に大変化が

防衛産業での純国産化の意義

あまり大きくは取り上げられなかったが、**'12年とその翌年に日本の護衛艦に関する画期的な出来事が立て続けに起きている。**

まず、これまでライセンス国産として分担製造して搭載されていたエンジンが、政府の協力を得て100《パーセント》国産の権利を獲得したこと。さらにその後、そのエンジン部品を造っていた英ロールス・ロイス社が生産を打ち切った部品を日本の川崎重工業から英海軍向けに逆に輸出することになったことだ。当該部品は民生品にも使われていたため、当時においても「武器輸出三原則」には抵触しないという判断となった。

これは「スペイ」（SM1C）という船用ガスタービンエンジンで、海上自衛隊ではこれまで「むらさめ」型、「たかなみ」型、「ましゅう」型、「あきづき」型などの護衛艦に搭載され、ロールス・ロイス社製を川崎重工がライセンス生産する形だった。

外国製の装備品を使用すると、自衛隊は運用期間が長いため、その間に製造が終わってしまい部品が手に入らなくなることが多い。これは陸海空自衛隊共通の悩みになっていた。ロールス・ロイスが製造を中止した部品を川崎重工が製造し、またその品質が高く評価されて英海軍にも提供することになったのは、まさに「出藍の誉れ」というに相応しい。

このことは日本流の「物を丁寧に使う」気質がもたらした成果といえるかもしれない。自衛隊ほど装備をオーバーホールし、新品のようにして長期にわたって使う軍隊は、他にはなかなかないだろう。

日本の防衛産業はオーバーホールのノウハウを外国企業から教えてほしいといわれるほどの「実力」だ。しかし、その裏には部品枯渇など冷や汗ものの苦労が欠かせなかったのだ。いくら能力が高くても部品が手に入らず、また造ることも許されなければお手上げなのである。国産化の意義はここにある。

同社のガスタービンエンジン事業は'71年、海外のガスタービン研究から始まった。翌年、小さなエンジンを開発し、プレジャーボートに搭載して海上走行試験を成功させたのが全ての出発点で、これは当時の新入社員が取り組んだという。その後、ホテル火災の多発による消防法改正がきっかけとなり非常発電用ガスタービンに着手した。これに端を発し、海上自衛隊の護衛艦用主発電機ガスタービンも受注し始めた。これが'78年の52DD「はつゆき」型から採用されるようになった。

ハイブリッド化は世界の潮流

しかし、護衛艦は一般的に4基の主ガスタービンエンジンが搭載され、低速航行時の燃費の問題が常に横たわる。これをいかに抑えるかが課題となっていた。そんな中、欧米で主流になってきたのが「ハイブリッド推進艦」だった。これは高速航行では主ガスタービンを利用し、低速航行時はそれに適した出力域のガスタービンの電力を推進モーター駆動に変える方式だ。燃料費・維持整備費の低減だけでなく、振動の大きいディーゼル主機を用いないことによって対潜戦のための艦の低雑音化が実現できる。また、今後レーザー砲やレールガンといった高性能兵器を搭載することを想定した電力要求増大にも対応可能となるのだ。

米海軍をはじめ、イタリア、フランス、ドイツ、韓国、イギリスで採用を始めていて、米海軍のアーレイ・バーク級ミサイル駆逐艦（DDG‐51）は新型艦からハイブリッドシステムに転換した場合、燃料消費を16パーセント抑えることが可能で、年間880万ドルの費用削減になるという。

わが国においてもこの波に乗るためには、**電気推進用のガスタービンエンジンの国産開発が鍵であったが、川崎重工は蓄積したガスタービンエンジンの技術を用いて、この度、建造中の最新イージス艦27DDGに使用可能なガスタービンエンジンの純国産化に成功したのである。**これまで14DDG（「あたご」）型は機械推進（COGAG）だったが、27DDGは機械推進と電気推進を合わせたハイブリッド推進（COGLAG）となり、その発電用として同社のガスタービン「M7A-05」が採用された。

従来エンジンの出力域は、艦内電源用などがだいたい1・5～3・9メガワットで、プロペラの推進動力用の出力としては13・9～36メガワットが必要だった。だが、M7A-05はこの中間にあたる6・0メガワットという出力域であり、「ハイブリッド推進に適した出力域」と関係者は評価する。

国産化でコスト削減も可能に

M7A-05は、そもそもは産業用M7A-03をベースとして、'09年から船用化に着手したものだ。元は民生品とはいえ、艦艇に搭載するためには数多くの壁を超えなくてはならなかった。そのため海上雰囲気（塩害等）、船体の傾斜や動揺への対応、耐衝撃性、防衛省規格への適応、起動時間の大幅短縮、さらに産業用は大きいサイズでも問題ないが、艦内に搭載するためには小型化に努めるなど、課題のクリアに多大な投資をした上でここまで辿り着いた。

これにより、巡航時はこのM７Ａ‐０５で賄い、高速で航行したい場合はガスタービン主機を使用すればいい。艦艇が高速で航行する時間は全体として短く、主ガスタービンのメンテナンス費用が軽減されれば運用コストは大幅に減ることになる。

また従来は4台必要だった主ガスタービンが2台ですむメリットもある。海自ではすでに２５ＤＤで同方式が採用されたが、発電機出力が小さく、巡航スピードが上げられないことが課題であった。

この最も燃費のいいところでの運用が可能となったガスタービン発電用エンジンで、今後のミサイル防衛などますます電力を消費するであろう装備の高性能化を後押しできそうだ。何より国産化したことで部品の交換などが国内で可能となり迅速にできることが大きい。これは10分の1のコスト削減に繋がるといわれる。また、諸外国からの引き合いがあれば、移転アイテムとしての期待もできるだろう。

ただ、あえて問題を提起したいのは、この成功は国家プロジェクトではなく、たまたま企業に将来の必要性を強く認識する人たちがいて、社内でその予算を確保することができたところに依って立っていることだ。

企業によってはコンプライアンスで許されない場合も少なからずあるだろう。わが国のポテンシャルを引き出し、このような事例を次々に作り出すことは日本の苦手分野といわれて久しいが、もはやそんなことをいっているときではない。

日本の防衛力を阻害するような不要な競争原理や事なかれ主義、その場しのぎの予算抑制といった考え方をやめる。また官主導という形にも限界があることを認める——。そのうえで民間能力を最大限に発揮し、長期的観点で国益に資する装備品開発を盛り上げていくべきだ。

（2016年5月号）

学術会議「軍事研究」否定は時代錯誤だ

私たちの日常は軍事技術と切り離せないのに研究=悪という構図はおかしい

「デュアルユース」に関する誤解

日本学術会議が「軍事研究否定の継続」を主張する声明案をまとめたことが話題になっている。日本学術会議の性質上「軍事研究」を行わないという意向を示したことは特に驚くようなことではないだろう。目くじらを立てず、むしろ大事なのは議論を深化させることだ。

今回の声明案のきっかけとなったのは、防衛省の「安全保障技術研究推進制度」で、これは自衛・防災に役立ちそうな基礎研究に資金を提供する目的で'15年から始められた。予算は初年度が3億円、'16年度6億円、'17年度は110億円と増えていることからも、同制度の必要性が高まっていることが見て取れる。

ただ、ここで認識を整理しておきたい。よく「防衛省が技術開発に限界を感じ、大学に頼らざるを得なくなった」といった思い込みで、あたかも「科学者の動員」のように語られるようだが、これは誤りである。

制度の対象はあくまでも基礎研究であり、また、なぜかこの議論で置き去りにされている重要なポイントは「企業の存在」だ。これまでずっと国産の防衛装備品の開発は防衛省の技術研究本部（現在は防衛装備庁）と企業が担ってきた。

「デュアルユース」という言葉は、軍事にも民生にもどちらにも使えると訳されるが、実際に軍事で使われるものには厳格な要求がある。全く同じものではないのである。そしてその技術開発には防衛関連企業が欠かせない。つまり「軍事」というハイレベルな境地に到達させるためには最後は防衛省と企業が責任を負うのであり、研究者が負担を背負わされるといった次元の話ではないのだ。

そもそも私たちの日常は軍事技術と切り離せなくなっている。ＧＰＳやインターネットはもちろん、食品を包むラップですらルーツは銃や弾薬保存用だ。自動掃除機の「ルンバ」は地雷探査技術が民生品化されたものである。他方、テロリストは暮らしに身近な物を駆使する。ホームセンターなどで購入できる材料で大量殺人を実施することも可能だ。

「軍事」のために開発された物が攻撃だけでなく人命を救ったり、暮らしに寄り添う民生品が人を殺傷するという真実が厳然としてあるのだ。そうなると、何をもって「軍事研究」とするか、定義は困難であり、「軍事研究」＝「悪」という構図は崩壊している。

日本学術会議がこれを知らないはずはなく、反対している理由は、資金が防衛省から出ることであろう。制度に参加した研究者たちの多くはその動機を「お金がもらえるから」といい、私の知る限り研究室にいる人たちの多くは研究費の出所などにさして関心はない。学術会議の声は研究者の考えというより、イデオロギー色が強いように感じる。

教授の意思尊重する米研究費

懸念されるのは、学術会議の方針が心理的な圧力になり、研究者たちにいたずらに罪悪感を持たせることだ。あるシンポジウムでは、海外留学経験者が現地での研究費に軍事費が拠出されていたと知り、道義的責任を負うべきかどうかという質問が会場から寄せられたという。だからといって防衛省が嫌なら文科省などで制度を実施すればいいという話ではなく、本来は「軍」＝「他国を侵略」といったステレオタイプのイメージを日本の教育から払拭することから始める必要があるのだろう。

一方で、日本の大学研究者には米軍から8・8億円の研究費が提供されていたことも分かっている。防衛省に示した「軍事研究をしない」姿勢は形骸化していたのだ。これらの研究の内容は船舶の転覆を防ぐためのシミュレーションや人工知能・ロボットということで、助成を受けた教授たちは「平和目的であり問題はない」といった見解を示している。防衛省の研究も「平和目的」であることはいうまでもないのだが……。

米軍による資金は教授側の自由意思が尊重されることも大きい。研究テーマはあくまでも研究者が申請するもので、採用されればお金がもらえる。使途を限定されたり面倒な手続きもなく、最終的に論文を提出するだけで特許権も研究者が持てる。

比べて防衛省の制度は、防衛装備庁が選んだ大まかなテーマについて具体的な研究課題を募集し、有識者審議会で委託先を選ぶ。委託期間中は装備庁の職員がプログラム・オフィサー（PO）として管理し、期間終了時に装備庁が成果を引き取り、研究を続けるというものだ。自由度がないために、管理されている印象が強くなってしまう。

因みに米国では、国家の研究開発予算の約半分を国防総省が持っている。その一部は世界各国の研究機関に拠出され、日本にも空軍のアジア航空宇宙研究開発事務所（AOARD）や海軍研究事務所（ONR）、陸軍の国際技術センターパシフィック（ITC-PAC）といった拠点が存在する。

それらは常にリサーチ活動をしているという。さらに米軍の技術的優位を確保するための研究・開発を推進するとして、DARPA（Defense Advanced Research Projects Agency 国防高等研究計画局）が国防総省傘下の機関として設置されている。インターネットやGPSはここから生まれた。

研究開発基盤立て直しが急務

米国は今「第3次相殺戦略」と称し、急速な軍事拡大をみせるロシアや中国に対し技術的優越を確保するため、潜在的技術の開拓を進めようとしている。オバマ政権時の'14年には分野別に設立した産・官・学コンソーシアムについての法律ができ、昨年時点で8つのコンソーシアムが立ち上がっている。それぞれの司令塔となるのは企業でも大学でも自由だといい、テーマによって得意とする所が中心になるのだそうだ。

また、カーター国防長官（当時）はIT関連企業などの聖地シリコンバレーに「試験的国防イノベーション・ユニット」というオフィスを作った。その契約実績を見ると「F-35に随伴できる高速無人機『忠実なウイングマン』」「調達プロセスの前に問題を評価修正するシステム」「脳の活動を活性化して能力を高めるヘッドギヤ」など、ユニークかつ多岐にわたるものが並ぶ。

ＤＡＲＰＡもそうだが、米国の各制度は自由な発想が特徴だ。失敗してもいいからチャレンジしよう――。その成果は軍事技術のみならず産業界や市民生活に還元され、それが国力に繋がる。

いずれにしても防衛省の制度は運用そのものについても外部の意見を収集するなどしてもいいのかもしれない。そこには学術会議の関係者も参加してもらうべきだろう。また、今回の制度が始まる背景にはリーマンショック後の各企業の研究開発費が減少の一途を辿っていることも大きく関係する。「官・学」の連携もいいが、「産」の技術基盤を守ることも国のなすべきことである。

（２０１７年４月号）

日本の「防衛装備品」が注目される理由

安倍首相が明言した自衛隊による「能力構築支援」を推進していくために

ＡＳＥＡＮ諸国対象に展示会

'14年9月24日、東京・市ヶ谷の防衛省には国際色豊かな人々が集まっていた。といっても、いつものように米軍関係者がいるわけではない。

カンボジア、インドネシア、ラオス、マレーシア、ミャンマー、フィリピン、タイ、ベトナムといった国の現役の軍人や外務・防衛当局の局長級など約20人の人たちだ。

この日、**東南アジア諸国連合**（ＡＳＥＡＮ）**諸国を対象にした防衛装備品の展示会が外務省主催の「海洋安全保障・災害救援能力構築支援セミナー」の一環として、防衛省内で行われたのだ。**

日本側は、三菱重工業の装甲車（模型）、川崎重工業の偵察用オートバイ、藤倉航装の落下傘などをはじめ、ＮＥＣ、日立製作所、富士通、三菱電機といった企業7社が実物や模型を紹介したり、パネルやモニターによる展示を行った。

これを受けて、「防衛装備品の売り込み」といった表現をしているメディアもあるが、まだまだ、いわゆる「武器輸出」について、その実情が正しく知られていないことがわかる。防衛産業が輸出に必ずしも全面的に前向きな姿勢ではないことは、すでに何度も述べているので細かいことは割愛する。

しかし、あらかじめ申し上げると、私は防衛装備品の輸出に決して否定的なわけではなく、効果的に実施するための素地を確実に作らなければ、かえって国益を損ねかねない危険性を孕んでいるだけに、その準備をしっかりと進めてほしいと思っているだけなのだ。その準備を防衛省が着々と進めていることを期待したい。

装備移転に関する様々な取り組みの一環としては、'14年6月（16日～20日）に、フランスのパリで行われたセキュリティー・ディフェンスの展示会「ユーロサトリ」に日本企業が初参加したことがあげられる。

ところが、このときの映像を日本のメディアでは、いかにもこれでわが国の有名企業が武器商人として世界に躍り出たかのように表現し、ある企業関係者は誰かと談笑していた瞬間をカメラで撮られ「武器輸出で笑いが止まらない」とタイトルにされたという。こうなると、企業は今後こうした機会に参加したくなくなるだろうし、輸出そのものにもますます後ろ向きになるだろう。

今回の国際展示会への出展は、防衛省側から声をかけたもので、しかも、自衛隊で使っているのと同じ装備品をいきなり売ろうなどということではなく、いわば様子見のようなものだ。他国のようにその場で商談を実施し、すぐに話がまとまるような類いではない。

名刺の束を持ち帰って調べる

日本ブースが並んだ場所も軍事ではなく、セキュリティのエリアということで、来訪者も軍関係者より自社製品の売り込みに来る外国企業や代理店のほうが多かった。また、「次に多かったのがマスコミ」(関係者)で、身内で盛り上がっている感が否めなかったようだ。

それでも、熱心に質問を浴びせてくる外国人は少なからずいたという。

「最高速度は?」

「距離は?」

などと各社の装備品について具体的な数字を問われると、自衛隊や企業関係者は、例えそれが軍事雑誌などに載っていたり、「ウィキペディア」で明らかになっていても明確に答えない習慣が身についているのだ。

「かなり速く走ります！」

「たくさん飛びます！」

と、懸命に答えるも、相手からは「何をしにここに来たの？」と呆れられるばかりだったといい、日本の防衛産業にとって初めてのユーロサトリへの出展は、「ほろ苦サトリ」となってしまったようだ。諸外国が真剣に自国を守る兵器を探しに来ているのに、「物見遊山か」と捉えられてもやむを得ない。

ブースにやってくる相手も、どういう素性の人なのか分からない。そのため、名刺の束を持ち帰って、それぞれの会社について調べるといった作業を各社が行わなくてはならないことも、帰国後に気付いたと話してくれた人もいた。

まさに何もかもが暗中模索で、これからもこうした海外での展示会に行くべきなのかどうか、頭を悩ませている関係企業も少なくないようだ。

また防衛省が誘ったとはいえ、旅費を出してくれるわけではない。多額の経費をかけて出かけて行く必要があるのか、そんなことが各企業とも社内的に許されるのかが、大きな課題だ。ユーロサトリは株主総会真っ只中の6月の開催ということもあり、各企業とも社内コンセンサスを得るのは相当に苦労している。半年もかかった会社もあるという。

企業イメージの問題も大きい。本来の趣旨は世の中で報道されているような「兵器の販売」などとはほど遠いが、社内的にも理解を取り付けられない（「防衛産業」は米国などのような軍事専門企業ではなく、企業の1部門にすぎないのだ）。それなのに、「笑いが止まらない」などと報じられればどうなるか…。

装備品をODAとして供与も

つまり巷間いわれているような、「装備品輸出がビジネスチャンスになる」かのような話は非現実的であり、冒頭のようなASEAN諸国への能力構築支援（キャパシティビルディング）の一環として推進すべきだと、私はいいたいのである。

'14年5月のシャングリラにおける安全保障会議で、安倍首相が「ODA、自衛隊による能力構築、防衛装備協力など、日本が持つ色々な支援メニューを組み合わせ、ASEAN諸国が海を守る能力をシームレスに支援する」と明言したことを受け、各省庁が動き出したのだが、これは不肖私もかねて訴えてきた「装備品のODA的な供与」や、あるいは

「日本版ＦＭＳ（対外有償軍事援助）」のアイデアに近いとみられるもので、大いに歓迎したい。

しかし次のステップとして、しっかりとベースを作る必要があることはいうまでもない。日本の装備品輸出を成功させるため、重要と思われる点をあげてみたい。

①装備品は政府が買い取り、最初は企業レベルで取引はしない

②情報収集などを企業任せにせず各省庁も担う

③「武器輸出」ではなく平和に資する取り組みであることを啓蒙

④「技術流出」という国家的な損失を防ぐべく、守るべき技術のリスト作成及び、ブラックボックスの検討

⑤装備品移転に関する人材育成

米国など諸外国は武器輸出が盛んだが、それ以上に規制も非常に厳しいという。「武器輸出３原則」の見直しと新たなルールの出現は、規制緩和で装備が野に放たれたのではなく、管理をこれまで以上に厳格にしなければならないということだ。さらに政府の拠出も覚悟しなければ成功は困難だろう。

（２０１４年11月号）

防衛装備品「国産化」を死守し共同開発へ

「兵器の独立なくして国家の独立なし」の方針を貫いた先人の精神を忘れるな

兵器の独立目指した日露戦争

はっきりいって、戦場の兵士にとっては、兵器が「国産かどうか」などは、どちらでもいいことだ。それよりも、性能が良いか否かに着眼するのは至極当然である。

それゆえ、最近、一部で報道された**「国産化方針の見直し」**など、多くの現場の自衛官にとっては、あまり関心がないことに違いない。それくらい、**この問題は一般国民のみならず、自衛隊にも理解されているとはいい難く、また、将来性より現状への対処だけを考えれば、国産かどうかよりも、むしろ海外の先進装備を導入することに理がある。**

まず、入り口から話を始めてみたい。'70年7月16日、中曽根康弘防衛庁長官時代に防衛庁（当時）で一つの事務次官通達が出された。「装備の生産及び開発に関する基本方針等」と題されたもので、「防衛の本質からみて、国を守るべき装備はわが国の国情に適したものを自ら整えるべきものであるので、装備の自主的な開発及び国産を推進する」というものだ。装備品の、いわゆる「国産化方針」である。

「『国産化方針』は敗戦で苦労した先人たちの、知恵の結晶だといっていいでしょう」

そんな評価を聞いたこともある。それはどういうことなのか。話は日露戦争時に遡る。

当時、満洲軍総司令官を務めた大山巌元帥は、1870年に普仏戦争を観戦し、ある重大な教訓を残しているのだ。

「国防上、一国の軍器が独立し、且つ統一せられていなければ、真に国家の独立は期待されない」

つまり、「兵器の独立なくして、国家の独立なし」ということだ。ほとんどの兵器を外国製に頼っていた当時の日本において、この方針を貫くためには、努力と忍耐の連続であった。たとえ性能に劣っても国内開発にこだわった大山に対し、反発も大きかった（村田銃の採用などは典型的だ）。しかし、兵器独立の追求は、結果的にわが国の技術力を向上させ、日露戦争を勝利に導いたといえる。そして、ここで養われた製造能力は、その後も国力となった。

一方、海軍は旗艦『三笠』をはじめ、多くが英国製であった。それゆえ、「国産の軍艦でなくても勝ったではないか」という見方もある。確かに、同盟関係が盤石で、部品の補給・整備などが上手く運べば何も問題はない。しかし、同盟国に余裕がなくなったり、あるいは同盟関係そのものが無くなったりすれば、全てが「ゼロ」になるリスクを常に孕んでいることには注意が必要だ（実際、日英同盟はその後、解消された）。

「自国で装備を完結」胸に入隊

それに陸上と海上では、戦い方やその規模、期間、全てにおいて異なる条件であることも忘れてはならない。つまり、装備品の国産化について、陸海空の自衛隊を同じように語ることは難しいのである。いずれにせよ、日露戦争後、日本でも軍艦建造が進められ、『大和』『武蔵』などが産み出されたことは、海軍においても国産の重要性が認められたことを物語っているといえるだろう。

その後、わが国は目覚ましい兵器技術の進歩を遂げるが、まだまだ海外に頼らざるを得ない物もあり、米国を仮想敵国としながらも、その米国から部品などの輸入をし続けていた。しかし、米国は日本に対する武器や石油の輸出を止め、開戦となる。

「部品のない航空機は飛ぶこともできず、敵の攻撃を受けるだけだった」

当時の証言から、状況がいかに悲惨であったかがわかる。このような苦い経験から、旧軍関係者たちは、国産部品を持つことが何より大事だと、身にしみて教えられた。

敗戦から5年が経った'50年、朝鮮戦争が始まり、やがて自衛隊が発足するに至り、公職追放が解かれ入隊したこの人々は、自国を守るためには自国で装備を完結する必要があると胸に秘めていたのだ。とはいえ、もはや日本に残っている技術も製造ラインもない。自衛隊の黎明期は、朝鮮戦争で使った米国の〝お古〟を使っていたが、米国で新しい装備が開発されると、自衛隊が使っている古い物の部品は廃棄されてしまい、在庫を使い切ればなす術もなかった。

そこで、旧軍出身の装備担当者たちは、自国で修理・整備ができるよう米側に働きかけた。米国の装備品をライセンス国産できないか申し出たところ、意外にも米側は拒まなかったという。当時、日本は「反共の防波堤」として、ある程度、強くなってもらう必要があったのか、あるいは敗戦と占領で息の根を止められた日本が、再び『零戦』や『大和』などを製造する国に戻ることはないと踏んだのかもしれない。

その後、日本が技術力をめきめき伸ばし、「出藍の誉れ」の如く、米国を凌駕し脅かすほどの技術大国になろうとは、当時の米国人も日本人自身も想像していなかったのだろう。

「国産」があっての共同開発だ

一方、当時の企業の反応はどうだったのか。旧軍関係者たちの思惑に相反して、かつての軍需工場などは歯切れが悪かった。会社側にしてみれば、戦後やっとのことで立ち上がったばかりなのに、自衛隊向けの、受注量が少なく採算の合わない物など作る余裕はなく、まして、世の中には「平和国家」といった言葉が躍り、再び戦争を想起させるような事業は引き受けたくないというのが、多くの企業の意向だったようだ。

そこで、企業の負担を少なくするための、最低限の利益を約束することで、なんとか着手してもらったのである。あとは戦前から付き合いがあった経営者の心意気に頼った。

かくして、戦後日本の防衛産業は再び立ち上がった。しかし、一度、途絶えた技術を再生し、優れた国産装備品が産み出されるまでには、その後、多大な苦労と長い時間がかかることになる。40余年前に掲げられた、前述の「装備品国産化」の事務次官通達も、そうした経緯の中で、まだ高いとはいえなかった国産化率を上げ、国力を高めたいという国としての思いの表れといえる。

しかし、近くこれを見直すという。通達から40年以上が過ぎたことや、国際共同開発・生産が世界のトレンドとなっている背景もあり、時代に即した文言にするという話が出ているが、「国産化」の文字を消してしまうことには問題がある。
共同開発はその国に技術があるからこそのものだ。むしろ「国産」があって初めて共同開発に入ることができる。それゆえ、「原則国産化」などの表現にすべきではないか。
戦後、コツコツとたゆまぬ努力を続けてきたことが花開いたのは、ごく最近のことだ。

気付けば日本の装備品、とりわけ陸上装備品については、かなりの国産レベルに達している。これは、日本が「独立を果たした分野」と胸を張ってもいいだろう。これまでの日本の決心を反故にすることは、惨めだったあの頃に立ち戻ることになりかねないのだ。

（2013年12月号）

「潜水艦増強作戦」で日本の領海を守る！

国産潜水艦は'09年度に予算がつかなかったことで国産・技術基盤にダメージが

「そうりゅう」型潜水艦の威力

いま、東南アジア諸国の海に大きな変化が生じている。しかも、それは潜水艦の増強という文字通り「水面下」の動きである。

この水域の潜水艦が増えるということは、そのままわが国のシーレーンの安全にも関わることでもあり、原油などのエネルギーの90パーセント以上を中東とのシーレーンに依存している日本にとって、極めて身近な問題だ。この原因が、中国の台頭であることはいうまでもない。

中国は原子力潜水艦6隻と通常型潜水艦50隻の、合わせて60隻ほどを保有するといわれる。

その中身は、'90年代に、ロシアからキロ級ディーゼル潜水艦を購入し、その後、独自で開発したとされる「明」型、「宋」型、「元」型だ。また、核搭載可能な原子力潜水艦「夏」型、その後継にあたる「晋」型などがある。

中国の原子力潜水艦に関しては、航行時の雑音レベルも高いことなどから、今のところ大きな脅威ではないと米国では分析しているが、むしろ通常型潜水艦が航行中の静寂性を高めていることを警戒している。

これらは探知が難しく、対艦巡航ミサイルや魚雷の能力も高めていることから、決して侮れない存在となっているというのだ。

これまでも中国潜水艦が、日本の領海内への侵入や、米海軍艦艇の目の前に突如として浮上するなど挑発的な行動を繰り返していることも見過ごすことはできない。

とにかく、東南アジア諸国の潜水艦増強には、こうした中国の動きが背景にある。

これに対し、わが国の潜水艦の実態はどうか——。

日本の海上自衛隊は現在、16隻の潜水艦を保有するが、原潜は持たずすべてが通常型である。

原潜は燃料の補給を必要としないため、潜航したまま長期間の作戦が実施できるが、通常型だとしばしば海上に出なければならないというデメリットがあった。

しかし、'09年に就役した「そうりゅう」型潜水艦は、ＡＩＰ（大気非依存型動力機関）を採用したことによって、水中持続時間を大幅に延ばすことに成功。さらに雑音を低減させるなど、「世界最強の通常型」の異名をとるスグレモノで、なにかと制約の多いわが国自衛隊としては、この技術力と隊員のスキルを以って、中国の軍拡に対処しようとしている。

一方、中国をはじめとするアジア諸国は数で勝負の様相である。中国に負けじと潜水艦保有数を誇るのが韓国で、12隻。今後、自国生産を増やし、18隻まで増強する考えだ。対地攻撃用の巡航ミサイルを搭載する計画もあるという。

世界の潜水艦事情を追うと…

マレーシアはフランスとスペインが輸出用に開発した「スコーペヌ」型2隻を購入したが、乗組員の技量が未熟であるために、運用には時間がかかる模様だ。

シンガポールはすでに4隻の「チャレンジャー」型潜水艦（スウェーデンの中古品）を持っているが、新しい同型艦2隻を導入予定。

インドネシアは、現有の2隻の潜水艦に加え、将来的には12隻程度までの保有を目標に、韓国やロシアとの交渉を進めているといわれるが、現状でも潜水艦の可動率が極めて低いとみられ、修理基盤や乗組員のレベルが伴わない可能性が予想できる。

ベトナムは、'90年代に北朝鮮から購入した「サンオ」型2隻を持つが、動くかどうかも不明。ただ、最近は、ロシアから「キロ」型6隻の購入契約を結んだことは注目に値する。

オーストラリアは「コリンズ」型6隻を運用し、2025年までに12隻に倍増を目指すとしており、親中的ともいわれた同国も、潜水艦増強に乗り出したことは、リアルな安全保障を知るには象徴的だ。ただし、潜水艦乗組員の不足が深刻な問題で、充足率は50パーセント程度という話もある。英国やカナダなどにも募集をかけたり、女性乗組員を増やすなど苦肉の策で増員を図っている。

タイは'90年代、財政上の理由から潜水艦の導入を断念したものの、近隣諸国の動向によって軍側から必要性を訴える声が高まり、タイ海軍は政府に対して2隻の潜水艦取得の要求を出した。しかし、これまで実績のない同海軍が、取得から運用に至るには、まだまだ道のりは遠いと思われる。

インドは、原子力潜水艦を含めたロシアからの購入を進め、現在の17隻から24隻の保有を目指すだけでなく、自国生産も積極的に推進している。一方でパキスタンは、かつて同国の輸入の90パーセント以上を占める海上輸送の要であるカラチ港をインドに封鎖された際、潜水艦派遣で効果をあげたことから、経済的に困難であっても潜水艦への投資を続けている。

台湾は、老朽化した潜水艦2隻を含む計4隻しかなく、増強を目指しているが、中国の圧力などから、潜水艦を売却する国がないのが現状だ。

「オンリーワン」企業を守れ！

このようなアジア諸国の潜水艦に対する意識の高まり、増強の動きのなか、わが国も一昨年に出された「防衛計画の大綱」では現在の16隻体制から22隻体制への増強が打ちだされた。しかし、そう簡単にこの数字を達成することはできないのが、実情である。

まず、昨今の防衛予算縮減傾向のなかで、新造艦を増やして22隻にもっていくのは困難とみられ、現有艦の延命措置がとられる可能性が高い。

しかし、これまで世界に冠たる潜水艦建造を実現してきたのは、三菱重工と川崎重工の2社がコンスタントに新しい潜水艦を造り、開発につなげてきたからであり、今回の施策が国産技術や生産基盤の維持に貢献するとはいい難い。

まして、国産潜水艦は'09年度に予算がつかなかったことで、このサイクルが狂い、下請け企業の撤退を招くことになった。

約1千400社といわれる関連企業のなかには、そこにしかない「オンリーワン」技術を持つ企業も少なくない。この1年のブランクにより、国内生産・技術基盤に与えたダメージは甚大である。

世界の国々が、日本よりも経済的に厳しい状況にもかかわらず、外国から潜水艦を調達し、それをライセンス生産に発展させ、さらに将来は国産をめざすべく必死になっている。そんななか、企業努力で培ってきた国産技術の喪失を自ら手伝う政策をとったのは日本くらいしかないだろう。ちなみに、この時はまだ自民党政権であった。

国内基盤がなくなれば、修理や整備能力も失い、艦は動かなくなるが、翻って考えれば、日本が自国の技術力によって、アジアの平和に資するというオプションも考えられなくはないだろう。

この国力を活かし、真にアジア諸国のイニシアチブを取ることを視野に入れた政策を考えるべきだ。

（2012年3月号）

海自「遺骨収集」に隠された英霊の声

大切なのは英霊の気持ちではないか――「後のことは頼む」を忘れるな

子ども手当と同じ次元の話に

この話をすると、必ず早合点して反論される向きが少なくなく、なるべく避けているが、最近、海上自衛隊の練習艦隊が先の大戦で外地に取り残されたご遺骨を帰還させたとの報道があったため、あえて書く。

'14年10月24日、海自の練習艦隊がガダルカナル島で収容された戦没者137柱のご遺骨を晴海埠頭まで輸送する任務を実施した。最近の政権は、遺骨収集事業について熱心な傾向があり、今回はそれがいわば目に見える形で行われ、海自がそれにひと役買ったような形になる。

しかし、ここで感じるのは、「帰還できないご遺骨はどうなるのか」ということだ。民主党政権時に菅直人元首相が、硫黄島などでの遺骨収集を強化するとして「一体残らず回収したい」などと発言していたようだが、これは不可能なことであり、このような軽率な発言には不快感を禁じ得なかった。遠く異国の地で散華した英霊は？　また硫黄島の近海にも輸送や哨戒活動中に爆撃を受けるなどして沈んだ船は多い。そのご遺骨については目を瞑るのか…。

ボランティアなどで遺骨収集に取り組む方々には、その活動に敬意を表するばかりであり、本当に頭が下がる思いであるが、帰還するご遺骨の横で見つけてもらえなかったご遺骨は辛いのではないかと、私はどうしても考えてしまう。

菅首相の話が出たときはちょうど靖国参拝が取り沙汰された時期だっただけに、そのめくらましではなかったかという疑いが今も拭えない。そもそも絶対に実現できないことを約束すること自体、許し難かった。「子ども手当」や「高速道路無料化」と同じ次元で語られては困るのだ。そこに英霊の政治利用の側面があるとすれば、言語道断である。

現政権でも、遺骨収集を強化している。安倍首相は、硫黄島の自衛隊滑走路の下に多くのご遺骨が残っているとされることから、この滑走路の移設に着手する意向を示しているなど、民主党に負けじとばかりに積極的で、今後、多額の予算計上も予想されている。

そして両者に共通しているのは、これだけ熱心に遺骨収集に対する姿勢を示しながら、靖国参拝はしないことである。

正確ないい方をすれば、「外交的な配慮から参拝を控えている」ということだが、国外を見て参拝しないくらいなら、自分の信念で「しない」といった方がまだマシではないか。百歩譲って靖国参拝は宰相個人の自由意思だとしても、一方で遺骨収集事業を推進するのはずるいやり方だ。これにより首相の靖国参拝を訴える層も、結果的に、それほど首相を責められなくなるからだ。

遺骨収集と靖国参拝は両輪で

国内外の参拝反対の人々も、遺骨収集については異論を挟めるはずもなく、そういう意味で誰も文句をいわない最大公約数を選択したことにもなる。たとえ政権にそういうつもりがなくとも、政治的に上手いということになる。

何より**問題なのは、最も大切なご英霊の気持ちが置き去りにされていることだ。**

多くの遺書などに記されているのは「靖国で会おう」という言葉である。靖国神社での再会、そして「後のことを頼む」と将来の日本を託されたのは私たち国民なのである。なぜ、その約束には目を向けず、違うことに邁進するのか。

確かに、米国では朝鮮戦争の遺骨を今なお探し続けている。これは、「戦死したら必ず骨を持ち帰る」という約束があるからだ。それが彼らに戦う勇気を与えているのである。

一方で、わが国では先の大戦まで「水漬く屍、草生す屍《かばね》」「かへりみはせじ」という死生観で戦地に赴いていたと考えられる。『戦陣訓』の歌には、「戦野に屍さらすこそ武人の誉れ」「一髪土に残さずも誉に何の悔いやある」という歌詞がある。「いわされていた」などと反論する向きもあるかもしれないが、そうした価値観が日本にあったことは事実であり、「米国がやるから日本もやる」と考えるべきではないだろう。そういう意味では、これも戦後史観の産物なのだ。

パラオ諸島のペリリュー島などでは、島民をいち早く避難させ、自らは玉砕した日本人を今でも尊敬し、「戦死者は母なる大地ペリリューに抱かれているのだから、収集などせずに静かに眠らせてほしい」と訴える声が多いと聞く。

また、硫黄島には私自身、2回訪れているが、いたる所に慰霊碑があり、慰霊団の訪島も多い。そして毎日、海空自衛隊員たちが島内を整備し、まさに英霊たちとともに日本の防衛の任に就いているのである。

彼らはすでに護国の神となっている。それなのに、ご遺骨の心を乱す（といってはおかしいかもしれないが）取り組みはいかがなものか、と私は思う。今後も遺骨収集を進めるというならば、その際に取り残されるご遺骨のためにも、靖国参拝はさらに重要になるのである。

つまり、靖国参拝と遺骨収集は両輪で行うべきものであり、参拝しないことと遺骨収集を行うことは、決して相殺されないのである。

また、遺骨が見つかっても、身元が判明するケースは少なく、身寄りがない場合も多い。そうなると、行き着く先は千鳥ヶ淵墓苑となるが、それは戦没者の望むことなのか。残念ながらここは、故郷ではなく、人の訪れも非常に少ない場所だ。

自衛官の「戦死」に国の責任は

このように書くと、必ず「そうはいっても、骨くらい拾うべきだ」と反論されることがあるが、遺骨収集に着手できるエリアも最初から限られており、望むと望まざるとにかかわらず、はなから遺骨の差別化をすることになってしまう実態がある。

ある意味で靖国神社はそうならないため、ご英霊を平等に、あらゆる日本人が慰霊顕彰できる存在だ。

最も大事なのは、掘り起こすべきは戦友の遺骨ではなく魂であるということではないか。一死報国の精神で投じた尊い生命に報いるために後世の私たちは何をなすべきなのか、もっと深く考えるべきだ。少なくとも国土を安易に放棄したり、自虐史観という過去の同胞への責任のなすりつけに熱心になるような国民であっていいとは思えない。

このままでは、「後のことを頼む」も、「靖国で会おう」の約束も守れない忘恩国民になりかねない。さらに、現在、国の防衛を担ってくれている自衛官の地位や処遇に誰も関心を持たない。自衛官が「戦死」したら国としてどうするのか…、そのような重要なことに対しても明確になっていないのである。

いま、日本は金もない、人口も少ない、労働力もない…〝ないないづくし〟の話ばかりだが、埋もれて見えないだけで、先人たちの魂という遺産が「ある」。いまこそ国民一丸となって、これを掘り起こすべきだ。

（2014年12月号）

［著者略歴］桜林美佐（さくらばやし　みさ）
1970年、東京生まれ。日本大学芸術学部卒。ディレクターなどとしてテレビ番組を制作後、ジャーナリストに。防衛・安全保障問題を取材・執筆。2013年防衛研究所特別課程修了。防衛省「防衛生産・技術基盤研究会」、内閣府「災害時多目的船に関する検討会」委員、防衛省「防衛問題を語る懇談会」メンバー等を歴任。安全保障懇話会理事。国家基本問題研究所客員研究員。
著書に「奇跡の船『宗谷』」「海をひらく－知られざる掃海部隊」「誰も語らなかった防衛産業」「自衛隊と防衛産業」（並木書房）、「終わらないラブレター－祖父母たちが語る『もうひとつの戦争体験』」「自衛官の心意気」（ＰＨＰ研究所）、「日本に自衛隊がいてよかったー自衛隊の東日本大震災」（産経新聞出版）などがある。『月刊テーミス』（2011年12月号より）に「自衛隊密着ルポ」を好評連載中。

ジャーナリスト 桜林美佐が迫る
自衛隊［陸・海・空］の実像
自衛隊24万人の覚悟を問う

2017年7月31日　　初版第1刷発行

著　者　桜林美佐
発行者　伊藤寿男
発行所　株式会社テーミス
東京都千代田区一番町13-15 一番町 KG ビル 〒102-0082
電話　03-3222-6001 Fax　03-3222-6715
印刷
製本　シナノ印刷株式会社

ISBN978-4-901331-31-9